U0172631

边观

全球流动的人类学笔记

赵 萱◎著

时事出版社
北京

图书在版编目（CIP）数据

边观：全球流动的人类学笔记/赵萱著．—北京：时事出版社，
2022.10

ISBN 978-7-5195-0498-4

Ⅰ．①边… Ⅱ．①赵… Ⅲ．①人类学—文集 Ⅳ．①Q98－53

中国版本图书馆 CIP 数据核字（2022）第 149136 号

出 版 发 行：时事出版社
地　　　　址：北京市海淀区彰化路 138 号西荣阁 B 座 G2 层
邮　　　　编：100097
发 行 热 线：（010）88869831　　88869832
传　　　　真：（010）88869875
电 子 邮 箱：shishichubanshe@ sina. com
网　　　　址：www. shishishe. com
印　　　　刷：北京良义印刷科技有限公司

开本：787×1092　1/16　印张：10.50　字数：118 千字
2022 年 10 月第 1 版　2022 年 10 月第 1 次印刷
定价：78.00 元
（如有印装质量问题，请与本社发行部联系调换）

　　本书为 2019 年度国家社科基金冷门绝学和国别史等研究专项《"非洲之角" 国家边界和跨境民族档案文献的整理、译介研究》（项目编号 19VJX063） 的阶段性成果。

行走天涯的人类学家

赵萱师从高丙中教授，是我的同门师弟。2004年赵萱被保送到北京大学阿拉伯语系，2008年开始在北京大学社会学系学习人类学，并于2012—2013年在耶路撒冷的阿拉伯人聚居区完成了艰苦的长期田野调查。2014年，赵萱凭借论文《是非之地的冲突与文明——东耶路撒冷的民族志》获得博士学位，随即入职我当时所在的中央民族大学世界民族学人类学研究中心，与我成为同事。《边观》一书中的部分文章我曾通过界面公众号阅读过，此次通读全书之后，我又有了许多新的感受，也对赵萱的研究路径和研究风格有了更深的理解。总的来说，赵萱的研究在海外民族志领域别具一格。我在阅读的过程中被他行走天涯的勇气、执着和雄心所感染和感动。

人类学家许烺光曾说自己是一个边缘人，游走在不同文化的边缘，这也是大多数人类学家的共同感受。徘徊在本文化和异文化的边缘，是人类学学者在通过理解他者来绕道地理解自我的过程中不可逃脱的宿命，我们深信，边缘性是人类学学者获得文化洞察力的必要条件。尽管如此，许多人类学学者（包括我自己）乐于不断接近和熟悉某个国家中的某些群体，我们试图获得可以把握的研究对象的稳定性和一致性。从这一点来说，赵萱与众不同，因为他的经验研究中充满了对于矛盾、冲突和剧烈变迁的描述，他也不满足于对一国或一地的研究，而是大胆地在全球视野下将形形色色的跨界流动作为自己追踪的研究对象。

在博士论文完成之后，赵萱曾有过困惑并与我讨论未来的研究方向。我建议他继续回到耶路撒冷以深化之前的研究，赵萱也确实曾在 2017 年暑假重返耶路撒冷。但是，在 2016 年赵萱启动了他的"游牧式"田野工作：先是从新疆的中哈口岸城市霍尔果斯开始，他带着好几位研究生对口岸经济和社会进行了调查；之后几年，他的脚步在土耳其、保加利亚、突尼斯、新加坡和中老边境等地的移民社区或边界地带逗留，让我感觉他如果不是正要去往一个新的田野点，就是刚从一段新鲜的旅程中归来。与此同时，赵萱开始进入和构建"边界人类学"这样一个新的研究领域，并引起了学界同仁的关注。他在耶路撒冷阿拉伯人居住区的调查经历让他对于边界、领土、人口、流动、主权、生命政治等意象产生了高度的敏感性，他试图通过这种敏感性开展全球视野下的比较研究。从这个意义上来说，耶路撒冷不仅曾是他的田野调查地点，而且被他问题化了。耶路撒冷给了他感受世界的触角，而他要做的是不断走出经验层面的舒适圈，审视、分析和反思通过扫描式探测得来的海量信息。

《边观》的文字风格有着金属般的沉重特质，它告别了对于异邦文化的浪漫化想象，让我们直面各种触目惊心的现实。

无论是在耶路撒冷被水泥浇灌的阿拉伯人的房屋，还是在欧洲偷渡时被冻死在货柜车里的越南女孩，都让我们看到了边界与权力之间的现实联系及其凌驾于个体生命与尊严之上的残酷性。赵萱在他的文章中不断拷问边界与权力的合法性问题，试图探讨国家主权的实现逻辑，以及"去边界化"的区域一体化进程与"再边界化"的优势国利益之间的尖锐张力，这些鲜明的问题意识凸显了本书的反思性和批判性，也彰显了人类学的人本主义底色。

本书也是中国人类学学者试图将学科视角与国际问题研究结合起来的大胆尝试。通过融入微观的、对于个体生命经验的关注，本书展示了国际的主权博弈如何可能在近在咫尺的人际之间造就难以逾越的交往屏障，从而改变个人和家庭的命运，或是影响地方社会的兴衰。国际政治不再停留在冷冰冰的新闻播报中，而是成为令人感同身受的"在边界上"的日常生活经验。"生命政治"是赵萱在本书中多次提及的核心概念，凸显了基于改变人口生存状态的社会治理模式与传统上基于领土控制的国家主权模式之间的动态关系，二者既可能相互叠加，也可能彼此替代，从而使得许多国际问题呈现出与主流话语相抵牾的现实性与复杂性。本书对于巴以冲突，对于欧洲难民问题的理解，都试图从作为行动者的当事人的角度来进行解读，平凡个体的日常经验成为理解重大国际问题的突破口，也为寻求国际问题的解决之道提供了新的思路。

边界不仅关乎他者，也关乎我们自身。从某种意义上说，边界的日常化在生命经验和理论建构方面都具有普适性意义。

在新冠肺炎疫情冲击全球的时刻，我们生活在边界变动极为频繁和流动性受到前所未有之约束的现实之中。谁在划定边界，如何划定边界，如何应对边界，边界如何形成新的空间景观，边界的建立和消解如何改变了人与人、人与机构和人与国家的关系，这些都是值得深入探究的问题。

　　大约二十年前，高丙中教授在北京大学推动海外民族志研究，先后培养了一批从事海外社会与文化研究的人类学学者，我和赵萱都是其中的受益者。我们用青春丈量世界，用好奇心咀嚼在异国遭遇的文化震撼，而《边观》展示出我们还可以有勇气去直面当代世界的重大问题。战争、苦难和荒谬未曾远离二十一世纪的人类社会，这也是本书带给我们的警示。

龚浩群

厦门大学人类学与民族学系教授

2022 年 5 月 9 日

目录
contents

邦国内外：全球社会治理的实践与张力

附录：面朝全球边界的共同思考

社区之上：全球化视野中的
人、物与地方

"好人"亚金：隔离墙下的巴勒斯坦人生[*]

　　第一个故事的主人公，是我曾经的房东，名叫亚金，他是一位居住在东耶路撒冷橄榄山谷地、年过五旬的普通巴勒斯坦男性。他有两位妻子，膝下有 11 个子女，这在巴勒斯坦人生活的社区并不罕见，我们的邻居老族长穆哈默德就拥有两位妻子，并育有惊人的 27 个子女，最大的孩子和最小的孩子相差 35 岁。

　　亚金不嗜烟酒，恪守伊斯兰教法，每天坚持行 5 次礼拜，周五的主麻日必会前往老城的阿克萨清真寺参加聚礼，并严格遵从教法传统，在金钱和时间上平等地分于两位妻子，从不马虎。同时，亚金遵循阿拉伯大家族的仪规，身为家庭代表一度为位于约旦河西岸地区的家族礼堂修建筹措经费，作为出生且长期生活在耶路撒冷的以色列公民，他却坚持以来自西岸地

　　* 2012—2013 年，我受以色列耶路撒冷希伯来大学和北京大学资助，在东耶路撒冷完成为期 15 个月的博士阶段田野调查，其间蒙老房东"好人"亚金照顾多时，本文主要材料已于期刊论文中发表。参见赵萱：《隔离墙、土地与房屋：地缘政治与生命政治的交互——一项东耶路撒冷巴勒斯坦人的民族志研究》，《开放时代》2018 年第 5 期，第 186—202 页。

区①希伯伦的巴勒斯坦家族成员自居，每年两次大节（开斋节与宰牲节）定会回乡拜节。亚金的身上强烈附着伊斯兰与家族两大阿拉伯社会观念体系的印记，从不逾矩。也正因如此，我习惯地称呼他为"好人亚金"，以此和其他的同名者相区别。

1990 年，排行老二的亚金随父亲（1967 年第三次中东战争②爆发以前便在耶路撒冷工作，除亚金外的其余 4 个儿子都出生于耶路撒冷，全家都拥有以色列身份，持有以色列居民身份证）从希伯伦移居东耶路撒冷，在橄榄山从临近家族手中购买了一块土地，建造了彼此相邻的房屋，与其父母和兄弟们生活在一起，逐渐发展壮大为谷村的拉贾比一族（拉贾比是其姓氏）。

在此之前，亚金已在距离住所约 200 米的街道上租用了一个门面，开办了一家木工厂，从事家具生产生意，亚金也成为家族里的"顶梁柱"，成为本地的富裕阶层。正是在这样的经济条件下，亚金得以迎娶第二位妻子。

据亚金回忆，20 世纪 90 年代他的生意非常好，雇有 5 名固定工人，忙碌时甚至请过 10 个人，平均每天可收入 1000 谢克尔（1 谢克尔 ≈ 2 元人民币）。亚金的门面位于耶路撒冷老城向东经橄榄山脚通往西岸城镇的必经之路，也是最短距离，乘坐公交车只需要十几分钟的时间。据有三十多年工龄的公交车司机回忆，当时的线路是一个环线，从老城到西岸再从西岸另

---

① 即巴勒斯坦自治区所在的约旦河西岸地区。

② 第三次中东战争后，以色列将耶路撒冷整体控制，彻底结束东西耶路撒冷的分割，直至今日。

一个城镇返回老城，以此循环。这条街道的最东头已进入西岸地区，如今还可以看见数家阿拉伯银行和外汇兑换所，亚金的财务账户今天仍设在那里。

多年来，亚金的工作方式相对固定。他通过电话联系订单，在西岸地区采购相对实惠的原材料，然后驾驶一辆皮卡车来往于周边城镇进行前期测量和送货服务。客户既包括巴勒斯坦人，也包括以色列人，主要服务对象甚至一度以定居点的犹太人为主，亚金说是因为犹太人更有钱，付款更有保障。据亚金的二儿子回忆，他们家曾经接过的最大一笔生意就是为一个定居点装修门窗，房屋有 9 层楼，每一层楼都有相对的两扇门，可容纳两户人家，门窗全部要求木制，当时的定金就高达 10 万谢克尔，尽管当初前期接洽的是阿拉伯人，但最终事实上就是一个定居点。总而言之，据亚金的孩子们回忆，他们当时想买什么就买什么，根本不知道什么是贫穷。

但在 21 世纪初，亚金一家平静而富足的生活遭遇剧变，2001 年以色列政府便开始着手修建隔离墙，而隔离墙的选址正好从他的木工厂门口穿过，距离厂房只有大约 3 米，直接将东耶路撒冷通往西岸的道路切断。据亚金回忆，最初砌了一道 1 米高的矮墙，货物和人还可以翻过去，之后加高到 2 米，他们就用梯子翻越，直到变成今天可以看到的 2—3 层楼高的巨型隔离墙。从住所到厂房 200 多米的步行距离变成半个多小时的车程，亚金必须开车绕行十几公里外的检查站穿越隔离墙，如果车辆拥堵，所花费的时间更长。因为隔离墙的修建，原先的公交线路也从环线变成从老城到隔离墙的两点一线，街市迅速萧条，生意急转直下。墙体修建完成后 4 个月，亚金便不得不辞退所有的工人，放弃了租用 25 年之久的木工厂，改成一间位于住所隔壁的家庭木工作坊，请临时工帮忙，直到今天。

图 1　巴以隔离墙

资料来源：作者拍摄。

由于运输成本增加以及大部分客源流失，亚金每月的收入还不到当年的 3 天所得，最大的 3 个儿子（亚金前 5 个孩子已陆续成年，4 男 1 女，女儿已出嫁）不得不在高中毕业后便进入社会工作，从事装修、店员和酒店服务员工作，第四个儿子也很可能步哥哥们的后尘。2017 年夏天，亚金曾带我回到原先的木工厂旧址，站在楼底眺望橄榄山谷，怀念当年的光荣岁月，他多次无奈地提到："这就是巴勒斯坦人的生活"。

站在橄榄山顶向东面和南面望去，绵延的隔离墙清晰可见，虽然存在领土上的争议，但是高耸的隔离墙却真实而清晰地将巴以社会一分为二。而这一明确的分隔意图之下，却诞生了一个难以预料的、被例外化的、扭曲的"互动空间"。

如果我们采纳以色列政府所宣称的隔离墙修建的原因，并且将这道隔离墙视作其主权的决断与彰显，就会看到隔离墙并非简单地将巴以社会区隔，而是创造出一个"例外空间"，使得亚金代表的这一群体陷入"例外状态"的常态化之中。以亚金为代表的巴勒斯坦人将他们的生活形容为"在边界上"。

"在边界上"的内涵恰恰在于，亚金之所以在隔离墙修建之前过着富足的生活，是因为这一区域尽管在主权上存在争议但并未引发直接的主权干预，从而能够作为一类自然的"互动空间"。但隔离墙的修建通过对以安全为名的"例外状态"的处置，将这一"互动空间"悬置为"例外空间"。

自由的流通被实体化的边界所中断，紧接着是一种双向的排斥——犹太人不允许进入西岸地区，跨越隔离墙被视为违法行为，同时生活在西岸地区的巴勒斯坦人（持有巴勒斯坦自治区身份证）需要办理合法的许可证方可进入以色列，程序繁琐并且有期限。在此双向排斥中，亚金因具有特殊的"以色列巴勒斯坦人"身份反而被转译为"例外状态"下的"包含性排斥"[1]（inclusive exclusion）群体。

---

[1] Bülent Diken and Carsten Bagge Laustsen, "Zones of Indistinction: Security, Terror and Bare Life," Space and Culture, Vol. 5, No. 3, 2002, pp. 290 – 307.

表面上，亚金如往日一般无需许可证仍可相对自由地穿行于西岸和耶路撒冷，但隔离墙的修建首先冲击到的是他的日常空间，过往顺当的流动性遭遇剧烈的阻隔性。为应对国家"例外状态"而修建的隔离墙完全打乱了亚金的生活并使其陷入"例外状态"——生意急转直下、难以为继，至今无法缓解。

亚金这一类群体之所以被"包含"，是因为以色列政府的主权决断囊括了他们的全部生活；之所以被"排斥"，是因为这种决断本身正是要将他们从正常的生活中驱逐出去。

但值得注意的是，亚金们陷入"例外状态"并不完全是被动接受的结果，因为他们其实可以选择"拒绝"，例如返回希伯伦老家，但是亚金却选择面向隔离墙而坚守，因为在他们看来"这里离阿克萨清真寺最近，这里是巴勒斯坦人的首都"。

作为一个明确的地缘政治事件——巴以隔离墙的修建——却衍生出一个生命政治过程——"例外空间"与"例外状态"的出现。在地缘政治与生命政治的交互中，主权作为一个顶层事物直接冲击了底层生活。地缘政治的斗争与影响并不仅停留在国家之间，国家与非国家主体之间同样通过地缘政治事件联系在一起，并且造成某种无法扭转但可以预见的生命政治结果。

2017年的宰牲节，亚金最后一次带我回到他的希伯伦老家，平日略显阴郁的他逐渐变得舒展。他穿着拖鞋与长袍，沐浴着阳光，斜靠在已经挂满果实的葡萄架下，招呼着往来的宾客。他不厌其烦地对我讲述希伯伦人和拉贾比家族骄傲的往事，却又对我反复说起这样的话："我是一名希伯伦人，我们全家都是希伯伦人。但是，我们几个兄弟里只有我一人出生在耶路撒冷。"他那难以读懂的表情我始终不能忘记。

阿布德，山谷里盛开的玛姬怒娜

    1914 年，第一次世界大战的西线战场曾发生过一起离奇的"休战"事件。一位亲历的英军士兵在给母亲的长信中记录了此事，"德国人在他们的壕沟边缘点起蜡烛，然后走向我们的阵地，祝我们圣诞快乐！他们给我们唱了几首歌，我们举行了一个特别的社交派对"。难以想象，战争中原本势不两立的英德士兵在长时间的接触中居然产生了友谊，他们离开各自的战壕，互相握手、交换圣诞礼物和亲笔签名，甚至踢起足球。正是这一类战争中发生的离奇事件，引发一系列关于异质性群体交往的观察。

    20 世纪 50 年代，社会心理学家罗宾·威廉姆斯（Robin Williams）在美国四个城镇进行了一项研究，考察当地的白人主流社群与少数族裔（包括非洲裔美国人、墨西哥裔美国人以及其他一般性少数族裔）的接触和冲突关系。研究证明，接触和冲突（偏见、歧视、敌意）之间呈现某种负相关，即跨越群体边界的接触越多，冲突越少，群体间关系也可能得到改善，这便是著名的"接触假说"（contact hypothesis）。尽管有相关研究对该假说提出质疑，认为依然存在一系列不可或缺的前提条件，并应当引入更多的变量，但接触有助于消解冲突仍然可以作为一种可靠的主流认知。

可惜的是，今天经媒体传达出的巴以社会面貌却与接触假说提供的可能图景背道而驰，不禁令人感到担忧和遗憾。犹太人与巴勒斯坦人在地中海东岸狭小的地理空间内长时间接触，却似乎始终无法找到和平相处的方法。巴以冲突也被逐步固化在犹太人与阿拉伯人、犹太教与伊斯兰教的民族—宗教冲突模型之上。但这种顽固的二元对立观点所建立起的印象，也可能掩盖了不容易被人们意识到的影响因素和微观事实。

阿布德是一座位于以色列军事控制下的约旦河西岸地区的小城，四周山岭环抱，将其掩映在山谷之中。我曾有幸在德国基督教传教士塔玛拉的引荐下在此居住。阿布德距离耶路撒冷30公里，人口约为2300人，全部是生活在巴勒斯坦的阿拉伯人，但以宗教信仰为区分，一半是穆斯林，一半是基督徒。其成村的年代可追溯到罗马帝国时期，历史上长期信奉东正教，遗留着七大教堂，直至奥斯曼帝国时期逐渐有穆斯林迁民定居，转变为基督徒与穆斯林混居的社区，并形成今天东正教、天主教、新教五旬节派、伊斯兰教逊尼派的宗派格局。基督教与伊斯兰教另各有两大阿拉伯家族集团，每个家族集团各包括五个家族。随着历史上频繁的家族联姻，如今的教派和家族边界已经模糊不清（甚至存在一个家庭之内有三个基督教派成员的现象）。也正是在阿布德，长期以来受到忽视的巴勒斯坦基督徒的日常生活得以呈现，从而为打破刻板的、单一的巴勒斯坦社会印象提供了契机。

塔玛拉所在的教会位于东耶路撒冷的橄榄山地区，尽管作为国际性联合基督教会上帝教会的耶路撒冷分部（Church of God，总部在美国，但耶路撒冷教会的管理又隶属于德国分部），但其主要的服务对象却是位于西岸地区的阿布德。塔玛拉所带领的团队每周末都会到阿布德组织活动，活动的内容主要是和当地小学的孩子们做游戏，关心他们的日常起居，在暑假的时候活动的周期可延长至4—5天。

早在1962年，上帝教会便在阿布德开展活动，并创立了本地的上帝教会，建起自己的教堂。1970年，美国传教士玛格丽特·盖妮思（Sister Margaret Gaines）创办阿布德上帝教会学校，成为第一任校长。这是一所包括1—6年级的小学，随后学校发展出自己的幼儿园，且成为学校新的发展重心。学校共有学生120多名，男女同校，招收不限于本地的巴勒斯坦孩子，且不论正常还是残障（该校是本地首个招收残障儿童的学校）。而学校的运转，包括校舍的修建和师资的薪酬全部依靠国际捐助，具有明显的现代公益性质。

作为对基督教会善意的反馈，穆斯林社群同样做出相似的回应，尽管是一所新教五旬节派的教会学校，活动和教学内容带有诸多基督教色彩，但幼儿园一半以上的孩子来自穆斯林家庭，一位本地公办学校的穆斯林教师甚至将自己全部3个孩子送到这里上学，而不是自己所任教的学校。在她的表述中，这里的教学活动更为有趣，另外学费与公立学校相当，相比其他私立学校便宜很多（不到本地天主教私立学校学费的1/10）。同时，学校进一步扩建所需的临近的土地隶属于当地一个穆斯林家族,该家族已经对外宣布,出于对本地教育事业的支持,这块土地只会转卖给这所教会学校,而不会卖给其他人。

正是在既有的交往基础和教会组织的依托下,阿布德基督教各派在文化上实现一定程度上的融合,比如三个教派在节期时间上逐渐达成统一(在基督教中,不同教派在复活节和圣诞节时间上存在差异,如今在阿布德则经各教会协商已统一为东正教时间)。同时,基督教与伊斯兰教逐步和解,例如穆斯林家庭与家族对基督教学校的开放性认识;而在相互过节期间,本地两大宗教的居民会互相邀请对方一同聚会、就餐以及互赠礼物。

图2 西岸地区的小城阿布德

资料来源:作者拍摄。

在上述描述中，我们能够直观地观察到突破宗教界限的社会互动，从而表明了一个必须正视的观念误区：人们长期以来对各大宗教的认知往往趋于同质化和简单化，各个宗教被看作孤立的整体，但以鲜活的个人或团体组合而成的宗教群体之间本就不存在密不透风的边界，以至对某一宗教的原生主义认识都将归类于观念建构的产物。

在此观念修正基础之上，我们将迎来一种现代性语境下的讨论。传统的基督教实践已经在主张政教分离的新教改革中脱去沉重的政治负担，尤其是经 16 世纪马丁·路德的努力以后，人神之间的中介被取缔，进而在主流社会之内，个体拥有了无需任何政治准入条件且更为个人化的宗教体验，从而得以与其他事物进行广泛的结合。

进入 19 世纪以来的民族国家时代，基督教的传播开始愈发具有强烈的人道主义和现代治理性质，特别是在第二次世界大战之后，其以现代教育普及为抓手，以培养"公民"为目标，建立普遍的世界观。最重要的是，它并不一定发生在一国之内，也不一定由主权政府来实施，而是发生在国际领域，可以由非国家主体完成。

作为阿布德宗教实践与社会生活的延伸，耶路撒冷的上帝教会如今形成一类包括阿拉伯人、犹太人、亚美尼亚人、欧洲人的教会成员格局，而相似的团体和个人在耶路撒冷并不鲜见，且并不限于基督教会。它们正在身体力行地调整或挑战以主权和领土为核心的国家管理观念，而主张回归到以人为重心的社会空间秩序。

　　当然，不能否认的是，上帝教会以民族国家世界体系为蓝本的组织架构（基于国别的总部与分部安排）本身便内含一定的政治倾向和治理逻辑，但依然应当欣慰地看到建基于普通人的文化实践也自然而然地不以（领土）控制为初衷，而是（人口）培育，这也恰恰印证了新约时代对旧约时代的超越，从土地（land）到祝福（blessing）。

　　初夏的阿布德被漫山的橄榄树所遮掩，只有登上山顶才能一睹其全貌，多少的小城故事也隐匿其中，唯有一种名为"玛姬怒娜"的白色野花盛开在村社，其所隐藏与知晓的学问也许比我们全部的观察和想象加起来还要多。

战地与酒庄：戈兰高地的叙事重建

2019 年 3 月 26 日，美国总统特朗普在白宫与以色列总理内塔尼亚胡签署公告，正式承认以色列对戈兰高地的主权；早在 3 月 21 日，特朗普便通过社交媒体向外界传递了这一刺激性的消息。这是继 2017 年底耶路撒冷地位问题爆发后，美国再次在阿以争议问题上明确支持以色列，挑战国际法及现行的国际秩序。以叙利亚、土耳其等中东国家为代表的国际社会迅速对美国政府和特朗普的行为进行了谴责，联合国发言人也做出明确声明："很明显，戈兰高地的地位没有改变。联合国关于戈兰高地的政策反映在安理会的有关决议中，而且这项政策没有改变。"即戈兰高地是叙利亚的主权领土。

在通常的理解下，美国对戈兰高地主权地位的承认自然而然地指向对领土主权的承认，以色列之于戈兰高地的法律词汇悄然由"占领"（occupied）转为"控制"（controlled）；相反，反对者则对这一领土承认予以否认，他们以国际法和联合国决议为理据，强调前者主张的非法性。但无论是承认抑或是否认，其政治立场皆建基于以传统地缘政治为标准的领土观念，停留在"主权国家"（受到马克斯·韦伯政治社会学思想影响的国家观，强调以领土而非人口为核心）的单一理解中，从而易于使人们距离更多层次的叙事渐行渐远。

一、戈兰高地的战地叙事

戈兰高地是一块夹在以色列、叙利亚、黎巴嫩和约旦交界之处的狭长地带，其南北长约 120 公里，东西在 12 公里—25 公里之间，平均海拔在 1000 米以上。因此从地缘—政治的角度来说，戈兰高地可作为平缓的地中海东岸难得的战略制高点，俯视周遭各国；而从地缘—经济的角度来说，戈兰高地顶部地势平坦，蕴藏着丰富的淡水资源和农业资源，便于人口聚居和长期驻军，可成为掌握战略资源的关键区域。由于优越的地理条件，早在公元前 3000 年，戈兰高地便有人类居住开发，被看作兵家必争之地，后历经漫长的政权流变，于第一次世界大战之后成为法国委任统治叙利亚的一部分。1946 年，法国的委任统治结束后，独立的叙利亚合法拥有戈兰高地完整的领土主权。以色列 1948 年建国，叙利亚在戈兰高地兴建军事工事，这里也成为多次中东战争的前线。1967 年以前，戈兰高地的主权线索都是十分清晰的，遵循着"领土—主权—人口"三位一体的威斯特伐利亚体系以降的民族国家假设进行建构，而 1967 年的"第三次中东战争"彻底却改变了这里的地缘政治面貌。

1967 年，以色列以迅雷不及掩耳之势向周边国家发动进攻，仅一天之内便摧毁叙利亚的全部空军力量，进而占领了戈兰高地、西奈半岛、巴勒斯坦西岸地区、加沙地区等，极大地提升了以色列的地缘政治优势。尽管1974年第四次中东战争之后，以色列军队从戈兰高地的东部区域撤离，但戈兰高地的2/3至今依然由以色列控制。1981年12月，联合国委员会通过第497号决议，明确戈兰高地为叙利亚的主权领土，并将以色列的行为定义为违反国际法，要求其撤出，但很显然，以色列后续一系列政治实践皆与该决议背道而驰。

与巴以隔离墙的修建依据一致，长期以来，以色列官方宣称对戈兰高地的占有是出于避免受到军事威胁和行动的安全考虑，可被其认可的边界线（recognized boundaries）是实现国家安全的重要保障。而"边界"也在以色列官方话语中被反复描述为能够为犹太人提供最基本生存保障的、国家最重要的防御手段。因此，我们可以很容易得出如下逻辑：戈兰高地是多国的边界地带，以色列的安全依赖于边界而实现，边界控制需要借由对领土的军事控制而完成；相反地，联合国的决议和阿拉伯国家对领土的声索同样依循相似的逻辑展开：通过战争而获得领土均是不被承认的（详见联合国第242号决议）。这一有关安全、领土（边界）、军事的逻辑广泛见于有关阿以问题的讨论中，以色列的行为被刻画为："在美国等境外势力的帮助下，仰仗着强大的军事优势和国家能力对周遭的阿拉伯国家进行压制和侵蚀。"

二、叙事转变：葡萄架下的戈兰高地

2009 年，我有幸游历了以色列控制下的戈兰高地，在参加学生团富有深意的植树活动后，造访了一家精致的葡萄酒庄，并品尝到以色列特有的"亚登"牌白葡萄酒。2012 年，我探访了戈兰高地的水系，领略了那里清澈的水源和候鸟的迁徙，后于 2013 年向北抵达毗邻叙利亚的赫尔蒙山，参与了有趣的夏季滑雪。通过几次对戈兰高地的考察，我感受到一片生机盎然的景象，这与地图上生硬的边界线和地缘政治描述中充满硝烟的军事行动截然不同，也引发我对戈兰高地乃至阿以关系叙事的新思考。

巴以环境问题研究专家萨梅尔·阿勒图特（Samer Alatout）曾提出"生命领土"[①]（bio-territory）的概念，用以分析以色列和巴勒斯坦在环境问题上的权力实践。其谈到，尽管在巴勒斯坦地区以色列和巴勒斯坦人共享着同一个自然环境，却形成两套完全不同的环境叙事。巴勒斯坦的叙事聚焦于主权和财产权，即政治权力的空间分配以及环境问题，包括水资源紧缺、污染等，其产生的根本原因在于以色列的领土侵占和巴勒斯坦人的主权缺失。而以色列的叙事则侧重于人口的生命质量

---

① Samer Alatout, "Towards a Bio-territorial Conception of Power: Territory, Population, and Environmental Narratives in Palestine and Israel," Political Geography, Vol. 25, Issue 6, 2006, pp. 601 – 621.

（quality of life），包括环境污染对巴以双方人口的威胁，其不认为环境问题是一个与领土具有天然联系问题，或者说在话语和实践两个层面，环境污染与领土主权的享有与否无关。当然，这并不是在否认巴勒斯坦人从不关心人口的生命质量，而是强调其将生命质量的结果和威胁直接与领土主权相联系，从而构成与以色列在叙事逻辑上的反差。在此，我们可以清楚地观察到一种将领土主权问题"放置一旁"的、源于米歇尔·福柯（Michel Foucault）政治哲学思想的、有别于"主权国家"的国家观念，即注重人口与生命权力的"治理国家"。

图3 "沃野千里"的戈兰高地

资料来源：作者拍摄。

在戈兰高地问题上，1981 年，在联合国相关决议出台之前还发生了另一件值得注意的政治事件，即以色列政府在国际社会一片反对声中通过《戈兰高地法》（The Golan Heights Law）。该法案明确谈到，法律、法院辖区和行政系统将在戈兰高地即刻生效，并且将交由以色列内务部牵头完成。这透露出以色列针对戈兰高地政策的转向——由军事控制区转为民事管理区，由外部的国际问题转向内部的国内实践。这一做法在 1967 年以后的东耶路撒冷和西岸地区同样能够看到（东西耶路撒冷在市政体系下的"缝合"），以民政系统为基础的治理成为以色列对一系列占领区的主要管理方式。也正是在这一背景下，戈兰高地成为葡萄生长的土地，第四次中东战争之后，伴随着以色列从戈兰高地东部撤军，戈兰高地的土质也被证实是适合葡萄生长的优质土壤。1982 年，葡萄酒的酿造技术首次被用于戈兰高地的葡萄庄园，干燥的气候和充足的水源使得戈兰高地迅速成为重要的葡萄酒生产基地。紧接着是路网的修建、农区的扩大、人口的增长以及水资源的管理与分配。如今，戈兰高地形成一个以本地阿拉伯社区为主，分布着众多犹太人定居点和德鲁兹人村落的混合社会，阿拉伯人的面饼、犹太人的葡萄和德鲁兹人的橄榄油成为日常生活中不可缺少的食材。换句话说，不论是以色列还是叙利亚，事实上都没有拥有戈兰高地充分的领土主权，但这种生命质量上的实现与领土主权的归属却并不必然关联。

三、讨论

上述有关"战地"或是"葡萄"的戈兰高地叙事毫无疑问都是真实的，其构成"主权国家"之下的战争悲剧与"治理国家"之下的生命质量之间的巨大张力。福柯曾在《必须保卫社会》中分析了民族构成的历史条件，这同样可以进一步启发我们对戈兰高地之领土的理解。在民族国家所追求的主权—领土—人口的稳定结构被打破之后（叙利亚享有国际法上的主权，以色列拥有实际的领土控制），有关领土的"形式条件"与"实体条件"也自然分离。前者指向一种来自精英的、被承认的政治，即明确的法律地位和立法机关，既要被国际社会承认也要被国内社会承认；后者指向一种来自民众的、实践的政治，其包括领土之上的农业、商业、工业等具体产业，也包括与这些产业相关的机构运行。① 结合福柯的理解，在我看来，后者显然更能体现领土的实存效果和社会经济功能，从而使国家权力具有生产性，而不是单纯的支配性。

回到本文的前面，我们可以做一判断，美国政府与特朗普对于以色列对戈兰高地主权的承认，表面上体现为政治精英围绕领土"形式条件"的承认，但在 52 年的占领（或者说控制）之后，这份"延迟"的承认也变成一种对以色列空间治

① ［法］米歇尔·福柯著，钱翰译：《必须保卫社会》，上海人民出版社 2018 年版，第 240—244 页。

理能力的承认，而以色列在领土经营的"实体条件"上愈发成熟也将使声援叙利亚的国际社会在戈兰高地主权的主张上愈发艰难。很遗憾地说，在某种意义上，这与2019年4月9日的以色列议会大选毫无关系，而面向未来，新的政治逻辑和实践将挑战我们对地缘政治的理解。

炸鱼薯条算什么？且看印度咖喱
如何"殖民"大英

　　自伦敦往西，沿大西部铁路一路行进，不到半天便可到达德文郡的郡治埃克塞特（Exeter），从本地的圣戴维斯火车站走出，拥挤的停车场被四周零星的商铺所包围，一间名为"卡尔玛"的印度餐厅是我遇到的第一家餐馆，紧挨着古朴的大西部旅社。

　　到达英国之前，我曾在一本旅行手册上读到印度菜已经取代炸鱼薯条（fish and chips）而成为全英最受欢迎的食物，这着实让人感到意外。要知道，炸鱼薯条的大名早在我小时候学习《新概念英语》时便已耳闻，很难想象这样一道英国国宝级的菜肴居然会输给印度的"舶来品"。

　　埃克塞特是一座只有 10 万左右人口的小城，但据 2019 年 7 月猫途鹰（TripAdvisor）的统计显示，这里居然存在至少 23 家印度餐馆，尽管不少英式餐厅都会提供炸鱼薯条，但主打炸鱼薯条的餐厅却不到 5 家。

　　在本地的钟楼一侧，有一间以"炸鱼薯条"命名的小型餐吧，极不起眼，但这却是本地最有名的炸鱼薯条，可我几次路过都见其大门紧锁，门上挂着“CLOSE”的牌子。一天临近中午，我见到一位中年男子抽着烟，斜靠在门口，便上前询问餐厅是否营业，男子回答道：还没到时间，还得20分钟。于是，我便与他攀谈起来，才知道他就是餐厅的店主，而他每天遵守着严格的营业时间，午餐仅在12∶00至14∶00提供，而晚餐则在16∶00至18∶00。这是一家40多年的家族餐厅，几代人共同经营，而营业的宗旨让人印象深刻：支持本地的渔业和农副业。也因如此，该店所选取的食材坚持来自本地的供应商，进而希望投射出一个极富共同体感的英国本地社区与社群。

　　一轮有关天气的寒暄之后，我问道：“为什么这里有这么多印度餐厅？是不是印度菜比较流行？”

　　店主说：“没错，印度菜现在应该是现在英国最流行的食物，可以排到第一。你是中国人吧？中国菜也不错，我们旁边就有一家，大概可以排到第二。”他的回答和书本上写的毫无差异。

　　“那么炸鱼薯条呢？”我接着问。

　　“炸鱼薯条嘛，还是很流行，人们也很喜欢，但是……”他左右晃了晃身子，摆了摆手，“有时第二，有时第三。”但没能讲出令人信服的原因。

　　临近12∶00，我问店主是不是可以开店了，他看了一眼钟楼，“还差5分钟。”

　　与店主的一番交谈引起我对风靡全英的印度菜的兴趣。早在1809年，第一家印度餐馆便在伦敦诞生，而在19世纪之前，事实上英国人已经可以广泛地接触到以咖喱为代表的印度

图4 老店里的炸鱼薯条

资料来源：作者拍摄。

食物，大多由一批小型的咖啡馆提供。例如，早在1747年，有关印度咖喱和肉饭（pilau）的食谱便已在英国出版，由这类咖啡店的经营者编写。

早期的印度菜品都是由以商人群体为主的印度移民带来的，例如第一家餐馆便是由一位名叫迪恩·穆罕默德（Dean Mohammad）的印度商人创立的。在这一时期，印度菜的烹制方式大多源自家传，没有统一的规范。而印度菜本身就是以大量调料和混合型的煮菜为主，这也为人们提供了巨大的创新的空间，大量的英国人也开始尝试加入到印度菜的烹饪和经营中来。

在印度菜传播的初期，英国人将这些流行于咖啡馆或家中的平民食品看作刺激性的辛辣食品，到了19世纪中期，英国皇室在频繁处理印度事务的同时逐渐接受了印度菜，印度菜开始在英国的中产阶级内部传播，其刺激性的味道也被表述为"别有风味的芳香和口感"。

进入19世纪中后期，由于印度本土爆发反抗英国统治的抵抗运动，印度菜在英国的发展也随着政治局势的变革而渐入低谷，直到20世纪的到来。

第二次世界大战结束后，饱受创伤的英国社会主动或被动地需要放下帝国的身段接受来自前殖民地以及广大世界的新事物，印度菜再次迎来发展的契机。大批从印度、孟加拉国等来的移民和避难寻求者涌入英国，他们不仅"占领"了以伦敦东区为典型的平民社区，而且挤进英国的餐饮业。

20世纪40年代，许多印度移民开始重新开咖啡馆和小饭馆，以此作为居留的主要生计。但真正的冲击出现于20世纪70年代，从1971年开始的孟加拉国移民潮起到推波助澜的作用，其产生的影响显著大于印度人的影响——实际上孟加拉人经营着当时65%—75%的印度餐厅，而印度与英国、印度菜与英国社会却因殖民历史带来的深刻联系而成为一条可被南亚移民广泛利用的神奇纽带。

不再是小商小贩式的经营模式，也不再是千差万别的家庭工艺，20世纪70年代以后，真正意义上的印度食品工业在英国正式出现。

英国本土一度匮乏、单调、简易的食谱在印度菜传播之后变得日益多元化，来自东方且极富传统与底蕴的香料运用智慧让英国人耳目一新。而印度的辛辣风格开始不再拘泥于口味的变化，而是与人们的身体健康相联系，例如生姜的使用。

在上述背景中，不可忽略的仍然是强大的移民传统和隐藏其后的政策实践。1945—1975 年间，临时移民劳工项目（Temporary Migrant Worker Programs，TMWP）在欧洲地区盛行，在大量廉价的、富有活力的非欧洲移民到来的同时，欧洲本土的文化景观也在悄然发生改变。

以蓝领工人为主体的南亚移民群体自然而然与英国本土的工人阶级的文化相契合，而在此之前，炸鱼薯条这一类平民食品正是这一阶级的标志之一。

如今，超过 100 万印度移民生活在英国，全国有超过 1 万间印度餐厅，雇员超 8 万人，带来的是每年 35 亿英镑的营业流水和每周 250 万人次的客流量。早在 2004 年，与印度菜相关的食品工业已经在英国食品工业中占超过 2/3 比重，毫无疑问已成为英国经济的重要组成部分。首都伦敦拥有的印度餐厅的数量甚至已经超过印度本土的孟买和新德里，并且其中有 6 家米其林最高星级的印度餐厅，高居各类外国餐馆的第二位（仅次于法国餐厅），印度菜显然已经不再限于平民食品。

毫不讳言，英国的印度菜不仅比印度的印度菜更加多元化和国际化，而且比炸鱼薯条和英式早餐更能表现出英国的传统。

离开埃克塞特之前，我特意拜访了位于车站附近的"卡尔玛"印度餐厅，老板热情周到，尽管他不断地接听电话，招呼着后厨，并与网络推广的商家讨价还价。餐厅的侧门与大西部旅社相通，可以直达旅社一楼的吧台，大批刚下班的铁路工人准备迎来傍晚的美好时光，而钟楼旁的"炸鱼薯条"早已停业，废弃的外带餐盒上落满油星，上面清楚地写着这样的标语："国民挚爱"（the Nation's Favorite）。我突然想起店主对我讲的最后一句话："不管怎样，人们最终总会回到炸鱼薯条。"这背后的滋味需要细加品尝。

"无国家"民族的兴衰：
反恐战争与库尔德人的聚散依依

2017年9月25日，伊拉克库尔德自治区（简称"库区"）举行了一场独立公投，尽管公投仅具有"咨询"性质，但这次冒险的政治试探却深深地刺激了伊拉克中央政府，10月16日伊拉克政府军突袭库尔德人控制下的城市基尔库克，并接连收复在打击"伊斯兰国"（IS）的反恐战争中被库尔德武装顺势攻占的大片土地，将库尔德人控制区打回2014年时的模样。时隔两年，伊拉克的库尔德问题似乎偃旗息鼓，又回到了战前，成为一项伊拉克国家的内部事务，发起公投的库区领导人马苏德·巴尔扎尼（Masaud Barzani）早已宣告辞职，现任总理、其子马斯罗尔·巴尔扎尼（Masrour Barzani）于2019年11月派遣高级代表团赴首都巴格达商议2020年中央预算，以确保库区未来的权益。

2014年，马苏德·巴尔扎尼曾入选美国《时代》周刊"2014年度人物"最终候选人，风光一时无两，"库尔德人"以反恐战争中骁勇善战的库尔德武装战士形象风靡全球。可以说，自奥斯曼帝国解体以来，迁回于多国边境地区的库尔德人鲜有如此整体性的面貌出现。

20 世纪 20 年代，随着中东地缘政治版图的逐步划定，库尔德人世居的绵延山地被切分为土耳其、伊朗、伊拉克和叙利亚等几个国家，尽管有着 3000 万人口的巨大体量，但毫无疑问，库尔德人错失了在 20 世纪民族国家浪潮中建立国家的良机，转变为日渐成熟的主权国家体系下全球最大的"无国家"（stateless）的民族，并以不同国民的身份生活在上述多个国家之内。

18 世纪的法国大革命与美国革命为 17 世纪中叶奠定的主权国家理念注入"民族"（nation）的概念。后者既是一类强而有力的思想武器，丰满了主权国家的国族叙事，"想象的共同体"孕育而生，同时也可能为潜在的国家分裂保留了危险的能量。进入民族国家时代以后，这份张力始终存在其中。

2007 年，我在叙利亚留学期间，邻寝的便是几位库尔德人，他们热情友好，喜欢在楼道里用电炉炸鸡，吊起左邻右舍的胃口。也是在那一年，巴沙尔·阿萨德（Bashar al-Assad）继 2000 年后再次作为唯一的候选人竞选连任了叙利亚总统，当时他的投票支持率高达 90% 以上，百万民众上街游行，高呼"我爱你"以表支持。从当时的情景来看，很难预测有着眼科医生背景和坚实民意、倡导"凡人政治"的阿萨德会遭遇 2010 年以后的重大危机。

但当时我的库尔德邻居却已为后续的危机埋下伏笔。闲暇时他们关心国内政治，常常抱怨叙利亚政府对库尔德人不信任与不公正，常年聚居在叙利亚东北边境的库尔德人在国内很难

图5　2007 年的叙利亚大马士革街头

资料来源：作者拍摄。

找到正式工作，例如考公务员和教师；再比如他们会使用"库尔德斯坦"等危险的词汇表述身份，渴望保存库尔德文化。而针对当时那场声势浩大的总统竞选，他们提醒道："你别光看支持率，你得看有多少人能投票！"叙利亚内战爆发后，我重新关注了当时的连任选举，与 97.6% 的得票率相对应的是刚过 50% 的投票率，勉强达到 51% 的法定标准；而在早前一个月的议会选举中，投票率甚至不足50%。

2014年，叙利亚内战爆发期间，阿萨德迎来新一轮连任选举，在反对派控制下的叙利亚东部和北部地区（库尔德人聚居区所在地）没有任何投票点的情况下，投票率也仅达到73%，得票率也下降至90%以下。尽管我们很难简单地将两次选举低迷的投票率归结于对中央政府的反对，但其中掩藏的分裂危机已不言而喻。

与叙利亚相比，伊拉克库尔德人的境况要好一些，早在1946年，他们便曾尝试建立国家，最终未能如愿。20世纪90年代以来借助两次海湾战争，伊拉克库尔德人正式成立库尔德自治区，享有充分自治，并且库区依照伊拉克宪法可以获得17%的年度政府财政支出，这已占到库区财政收入的80%。

但未能改变的两点是：其一不论是作为国内少数族裔还是特殊的自治区域，库尔德事务始终作为单个国家的主权事务，与国家治理相联系；其二，在库尔德人的民族观念中，土地并不具有现代的领土意涵，他们所拥有的土地只能在私人财产或行政辖区意义上理解，而不可能上升为领土，因为领土与主权相绑定。

真正彻底打破这种主权国家内部平衡的是"伊斯兰国"在中东腹地的崛起，对于"伊斯兰国"，我们更熟知的是邪恶的恐怖主义组织与正义的反恐战争，但容易忽视的是其所具有的"超领土"的政治属性。

"伊斯兰国"试图以"圣战"之名，以浪漫主义的口吻招募追随者，呼吁效仿古代帝国，建立哈里发王朝，但这根本掩饰不了其旨在超越和颠覆现实主权国家领土秩序，进而实现自身领土野心的本意。正是在这一意义上，"超领土"的诉求势必引导出"超领土"的全球事务，直接反映为全球性的反恐合作。

我们不得不说，针对"伊斯兰国"的反恐战争使得压抑了半个多世纪的库尔德民族主义运动再次迎来高潮，借由伊拉克北部地区和叙利亚东部地区的主权国家政治真空与失范，世居此地的库尔德人以"保卫家园"为名加入反恐战争之中，并阶段性地重塑了中东地区的领土秩序和地缘政治版图。

一个在全球舆论和媒体中统一的库尔德形象诞生了——库尔德武装战士，他们取代了生硬的、危险的库尔德民族主义者形象，同样以一种浪漫主义的姿态向全球展示，并在保家卫国的宣传中，逐步打破了被不同主权国家束缚的身份区隔，传播并聚合库尔德人的文化与认同。

2016 年，我在北京接待了一位来自伊朗的库尔德朋友。彼时，国内政治已不再成为库尔德人关心的对象，他以极为包容的口吻向我分享了库尔德人在各国各地区反恐战线上的努力，尽管伊朗的库尔德人并不身处战区，但其核心在于库尔德人得到全世界的声援和支持，他们摒弃了国与国之间的政治区隔和外交掣肘，正在以一种积极而统一的身份为世人所知晓，一种全球性的力量重塑了库尔德人的认同。

2017 年底，针对"伊斯兰国"的反恐战争在官方的口径中宣告胜利，而在胜利前夕发生的是伊拉克库区的独立公投，库区一边倒的支持率并不出人意料，而缓过神来的各主权国家一致予以反对，领土控制与主权治理的差别恰恰在于前者属于非此即彼的、绝对意义上的单一层面，而后者可以具有多层次性，主权可以呈现为分级式治理。

在"超领土"的全球事务中凝聚起的库尔德力量试图以"再领土"的方式巩固自身的地位，但严重缺少建国物质基础以及挑战主权国家底线的行为则预示着失败的在所难免。更重要的是，因全球反恐战争而获得的统一身份不能消化库尔德人内部的分裂，这既来自于党派政治，也来自于部落文化。

库区公投和反恐战争结束后，不仅伊拉克库尔德人，其他几国的库尔德人似乎也随着风波的平息回到曾经的模样，安静地回归国家主权治理的框架中，但事实上一个新的属于全球化语境的库尔德篇章已经开启，战争刺激了全球流动的加速，大批库尔德难民逃亡欧洲，构成中东难民大军的重要组成部分，今天逾200万的库尔德移民在欧洲形成一股新的政治和社会力量，游说、影响甚至决定着欧洲与中东政治。

因此我们必须看到，当阿联酋的公司与加拿大的企业竞争着库尔德山区的天然气开发，当土耳其管道计划源源不断地从库区输送石油到欧洲，当全球流动已成为当今世界秩序的母题，当一种前所未有的"去领土化"的倾向业已成型，主权国家面临的挑战远比库尔德人所面对的要多得多。

帝国的"提线木偶"：
塞浦路斯历史揭示欧洲一体化难题

    塞浦路斯是一个小国，位于东部地中海的小岛，面积不到1万平方公里，人口100余万。但人类历史似乎存在一种惯例，越是小的国家，越有可能揭示出大问题。

    我最早接触到塞浦路斯是在以色列，因为以色列只有宗教婚姻是合法的，所以许多世俗公民、移民或者异教通婚者会选择到塞浦路斯登记婚姻，办理国际结婚证再回到以色列换领本国结婚证。他们前去塞浦路斯登记的理由很简单，那是最近的欧洲国家，也是从那时候起我突然意识到与叙利亚隔海相望的塞浦路斯居然属于欧洲。

    最近了解塞浦路斯则是基于层出不穷的移民广告。2012年塞浦路斯放宽了非欧盟居民的移民政策，只需要购买不少于30万欧元的永久产权住房就可以在较短的时间内获得永久居留权，毫无疑问，吸引人们的理由依然是塞浦路斯属于欧洲。

    对大多数国人而言，对欧洲的意象往往浓缩在西部欧洲的几个主要大国，例如英国、德国和法国，同样鉴于苏联的大背景，东部欧洲则与俄罗斯、乌克兰等国紧密相连，这也吻合近代以来人类文明西方与东方的二元想象。

我们可以如是认为,欧洲是一个被东西切分的整体,内部充斥着众多领土国家,且被欧盟、欧元区、申根签证等一体化设计捆绑在一起。但是,欧洲作为一个领土概念,它有边界吗?它的边界会在哪里?

19 世纪中后期,奥斯曼帝国的统治在近东地区逐渐瓦解,大英帝国出于对自身商业和军事利益的保护,于 1878 年伺机占领了塞浦路斯,随后在第一次世界大战期间建立了两个军事基地。尽管塞浦路斯是一个地中海东部小岛,但其地理位置却有着巨大的战略意义。

首先,塞浦路斯以北距离土耳其约 40 公里,以东距离叙利亚不到 100 公里,而以南距离埃及约 400 公里,因此英国的军事力量在这里可以环伺整个地中海东岸。其次,借助地理上的优势,英国得以强而有力地阻挡俄国扩张至地中海东部地区的野心。最后也是最重要的,它是保护英国自埃及苏伊士运河至印度海上商路的重要屏障。

也是在英国殖民时期,塞浦路斯的岛民文化被发现,英国人发现这样一个小岛上居然存在两个文化迥异的社群——希腊化塞浦路斯人(Greek Cypriots)和土耳其化塞浦路斯人(Turkish Cypriots)。沿袭自希腊与土耳其久已有之的矛盾,英国人看待这两个社群的方式同样是迥异的:对于前者,认为他们继承了光荣的古代希腊,是受到教化的亲希腊子民;而后者则是在奥斯曼帝国时期贸然闯入的东方野蛮人。正是这样的判断为后续塞浦路斯的分裂埋下了伏笔。

但不论是哪一种社群文化，塞浦路斯在英国统治时期已经逐渐脱离其民族主义的潮流，成为欧洲大陆的一部分。英国人幻想可以在塞浦路斯制造出两个"异托邦"（heterotopia）以服务帝国的空间治理，也因此彻底破坏了几个世纪以来混合的塞浦路斯本土社会，取而代之的是分化的、新的空间，语言、身份乃至历史都开始一分为二。

在此之前，希腊化的岛民和土耳其化的岛民并不存在后来所看到的族群仇恨，希腊正教教堂和清真寺可以存在于同一个街区，但在1960年塞浦路斯独立后，紧接着的却是族群战争的爆发。1963年，英国军官皮特·杨（Peter Young）在一幅塞浦路斯地图上用铅笔画上了一条东西向的横线，思考如何用隔离的方式解决本地社区之间的族群冲突，而这也是后来塞浦路斯"绿线"（green line），即"联合国缓冲区"（UN Buffer Zone）的雏形。

独立后的塞浦路斯冲突不断，希腊化岛民希望能够并入希腊，从而彻底并入欧洲，而土耳其化岛民却拒绝接受这一方案，因为担心作为少数族群的他们会遭遇不公的待遇，等到1973年希腊正式加入欧盟，岛上这种分裂的情绪更加严重。

1974年7月，在希腊和国内希腊民族主义分子的共同参与下，塞浦路斯发生军人政变，新政府希望加速并入希腊的进程，而土耳其则随即以保护岛上土耳其人的名义入侵塞浦路斯，攻占了北部地区。处于冷战中期的西方社会空前地一边倒向土耳其（需要借助土耳其的力量遏制苏联），谴责希腊企图兼并塞浦路斯的行为，在巨大的压力之下，希腊政府和塞浦路斯新政府接连倒台。

战争的结果是"绿线"被划定，隔离墙被修起，塞浦路斯分裂成南塞浦路斯和北塞浦路斯两个部分。前者被国际社会广泛承认，作为一个独立主权国家；后者则只有土耳其承认，作为一个争议地区，大批希腊化的塞浦路斯人在战后被驱逐至南部。而首都尼科西亚成为一个至今罕见的被分割的首都，与柏林墙类似。

冷战结束后，命运发生了偏转，首先是北塞浦路斯始终不被国际社会承认。其次是在欧洲东扩的大背景下，1990 年作为欧盟前身的欧洲共同体（Europe Communities，EC）接受了由南塞浦路斯代表整个塞浦路斯加入欧洲共同体的申请。在这一时期，欧洲仍然希望将塞浦路斯看作一个整体，将其纳入欧洲，但其中暗示了将北塞浦路斯排除在外的可能性。

2004 年，塞浦路斯正式成为欧盟成员国，2008 年加入欧元区，但只包括南塞浦路斯。事实上，在 2004 年 4 月 25 日，塞浦路斯就统一问题进行了一次公投，但公投结果是：北部土耳其区约 65% 的民众支持统一方案，但南部希腊区约 75% 的人反对。根据此前的协议，只要一方否决，统一方案就无效，因此最终只有南塞浦路斯于 5 月 1 日加入欧盟。

北塞浦路斯渴望统一的心情非常容易理解，这是一次改变争议地位和生活窘境的宝贵机会，但南塞浦路斯的反对则是基于深刻的历史原因，他们担心自身的稳定被打破，新的矛盾再次爆发。

我们可以想象 2004 年 5 月 1 日前夕，南塞浦路斯的烟火与北塞浦路斯的寂静，以及尼科西亚的骚乱。最终公投的结果令欧洲社会大为失望，这次欧洲东扩的计划没有完满，也使得一条奇特的欧洲边界出现了：塞浦路斯岛的南部属于欧洲，而距离欧洲更近的北部却不属于；切割塞浦路斯的"绿线"所分割的不仅是两个地区，地理上的南北还标志着欧洲与非欧洲世界、西方与东方的边界线。

如今，作为欧盟成员国的南塞浦路斯的居民可以持本国持护照自由出入南北地区，而北塞浦路斯的居民则需要办理申根签证方可进入南部。同时，南塞浦路斯人说着希腊语，使用的货币是欧元；而北塞浦路斯人则说着土耳其语，使用着土耳其里拉。

2004 年之后，针对塞浦路斯统一问题，南北两方以及英国、希腊、土耳其等参与国家又进行过多次多边和谈，提出过多种方案，但始终在代表不同利益集团的政治精英们锱铢必较的争辩中"难产"。

娇小的塞浦路斯今天依然承受着惊人的负担，无论是欧盟东扩还是欧洲一体化，这些看似无法阻挡的潮流之下蕴藏着反复的、深刻的历史问题，塞浦路斯所反映出的恰是这种复杂性。

突尼斯的历史和现实：
移民将北非重新带回地中海

　　阿明是一位来自突尼斯东南部杰尔巴岛的小伙子，由于多年来参与地方传统文化保护与传播的社会组织工作，他对突尼斯各地的古代遗迹了如指掌，曾兴致勃勃地和我谈起迦太基时期朴素的红白色马赛克、逃避罗马人一神教改革的地下多神祭坛以及印在羊毛织物上的柏柏尔语字母。

　　距今 3000 多年前，突尼斯一带的古代文明便已开始活跃，他们或从西部的山地兴起而发展出人类的聚落，或从海上而来建立起伟大的城邦，努米底人、腓尼基人、柏柏尔人、罗马人等地中海先民的名字至今仍回响在本地不计其数的古代遗址之上。而在今天，突尼斯依然生活着阿拉伯人、犹太人、柏柏尔人等不同宗教、族群的群体，但却不存在激烈的宗教冲突，人们和平相处，甚至允许家族间通婚，阿明曾肯定地说起，"唯一能显示宗教差别的只有名字，除此之外，我们都是一样的"。

　　毫无疑问，公元 7 世纪以来阿拉伯穆斯林向西方向的远征以及近代以来的殖民历史进一步加深了人们印象中欧洲与非洲地区的分野，欧洲被西方概念包裹得严严实实，而非洲则被定义为黑色的、落后的和与现代文明无关的世界，与欧洲形成鲜明的反差。

值得注意的是，地中海从古史叙事下的东与西悄然转换为民族国家范畴下的北与南，甚至有关地中海的讨论在近代修辞学上也已经告别非洲大陆，今天我们更多地习惯于以"北非"的意象来书写历史，其似乎与地中海无关，而更有趣的是，北非往往也在广义的观察中与撒哈拉以南非洲无关。这一来自古代文明与近代历史构成的叙事张力困扰着我们对地中海南岸地区的理解。

从突尼斯首都一路向南至中部地区，自然地理形貌由北部平原逐步变为半干旱的沙漠草原过渡地带，从未被罗马人统治过的柏柏尔人的小型聚落若隐若现于干裂的山岗之间，而恰恰在这里，我听到一首经过改编的阿拉伯语歌谣，"我们是朋友，我们是非洲人！"

事实上，这是极为鲜见地听到本地人提起非洲的例证，这也表明距离海岸不足100公里的内地可能有着另一种文化生态，其流露出告别地中海—欧洲的原始冲动。有观察者根据此类基于考古的发现认为，非洲的地中海文明仅限于海岸地区，而终止于撒哈拉沙漠的北缘。

经由中部地区向南将深入至撒哈拉沙漠的腹地，朝东南方向前进便是利比亚，大部分国家被撒哈拉沙漠所侵蚀的利比亚非常幸运地拥有的黎波里，这里曾孕育出不亚于迦太基的古代城邦。在地中海的图景中的黎波里备受瞩目，而遗憾的是，也正因为如此，的黎波里成为近代以来利比亚一切冲突的焦点，

图6　突尼斯的中部古城

资料来源：作者拍摄。

2011 年至今仍未休止的利比亚内战浓缩为今日哈夫塔尔将军围困的黎波里的现实。

　　的黎波里靠近突尼斯与利比亚的东部边界，这也意味着在过去的十年间，大批利比亚人沿着古代延续下来的贸易通道跨越边界，向突尼斯东部的海岛与北部的海岸前进，突尼斯与利比亚之间宽松的签证管理也为此提供了便利。2019 年的头两个月，便有 300 余名利比亚难民逃亡突尼斯，尽管是为了避免暴力和战乱，但据本地社会组织观察，几乎没有人计划来到突尼斯，之所以来到这，只是因为利比亚糟糕的难民营现状以及日益飞涨的偷渡欧洲的费用。根据欧盟与利比亚的边界协定，利比亚政府有义务拦截非法移民的船只，并将其扣留在利比亚境内，这一方面降低了非法移民的到达数量以彰显边界拦截的有效性，另一方面迫使利比亚人寻找新的路线，其中，突尼斯首当其冲。

阿明在谈论古代文明与宗教和谐相处的同时，提及过相当重要的"下半句话"，"我们都一样，那是因为大家都不关心（宗教），经济才是最重要的"。尽管大量的移民来自不限于利比亚的广大非洲地区，但突尼斯始终是一个移民输出国，而不是一个移民流入国。每一位到达突尼斯的利比亚人都有 60 天的申请缓冲期，可以在此期限内申请成为合法的避难寻求者，或选择自愿性遣返（voluntary return），如果避难申请被拒绝，同样拥有两个选择：非法滞留在突尼斯，或尝试偷渡欧洲。

"我们感谢突尼斯为我们提供了庇护所，但我们更想去欧洲。"一位利比亚人曾这样谈道。事实上，他也说出突尼斯人的心声，近年来整个北非地区的经济因地区动荡和经济危机而陷入低谷，这也使得更多的人渴望去欧洲。因此，在突尼斯，移民到达并选择留下的数量并不可观，而本国人流出的数量和方式则更值得关注。

在古史中，不论是突尼斯的迦太基还是利比亚的的黎波里，都是地中海航线中的重要站点，但近代以来的地中海文明撕裂并未影响到这些航线在今日的重要性。欧洲在边界管理上的强化从未成功阻挡非法移民的到来，对我而言多少有些难以启齿的偷渡行业在阿明看来并没有什么特别的，"我有不少朋友都在欧洲，坐船去的，他们不用什么签证"。我更加好奇地问道："那他们不会被当地警察抓到吗?"阿明的回答"别开生面"：一方面，欧洲的警察，例如在意大利，他们很少会查突尼斯人，突尼斯人只是在那里工作；另一方面，如果谁想回来了，他会自己去警察局，然后买机票回国，就像过"假期"一样，过一段时间想过去了就再过去。

突尼斯的整个沿海地区都存在这样的偷渡站点，较为集中的是在突尼斯北部的比赛大、中部的斯法克斯和南部的杰尔巴岛，而唯一与利比亚有所不同的是，突尼斯的偷渡船只大多为小艇，灵活且速度快，但乘坐人数较少，约10人。利比亚的船只则是可装载百余人的大型船只，容易被发现。在安全性和价格上，显然突尼斯的偷渡方式要贵得多。因此，重要的并不是利比亚人是否以难民的身份前往突尼斯寻求庇护，而是他们都在通过各种办法试图进入欧洲，这种可能性早已蕴藏在古代先民关于海洋的丰厚知识之中。

自此，移民的现实处境与经济理性不仅将马格里布地区的古史叙事淡化，更重要的是，其将北非重新"带回"地中海，我们必须承认，在现实图景之下，这种"带回"很难基于古代文明而建构，而近代的撕裂与现代的漠视却是显而易见的，因此我们将迎来一条新的理解地中海的欧洲路径。

在这一路径之下，北非既无需告别地中海古史（站点与航道的利用），也不会与非洲大陆相分离（非洲移民的中转站），从而也使得新的边界命题产生，那就是，随着移民和新的边界问题的出现，北非和欧洲联系在一起，成为欧洲的南部边界。

在今天的突尼斯（突尼斯首都）老城，我们依然可以找到

图7 杰尔巴岛码头上等待渡海的车队

资料来源：作者拍摄。

当年市场的痕迹，衣服市场、药材市场、帽子市场等，其中还包括奴隶市场，早在数百年前，这里便形成欧洲与非洲、古代与近代的交汇，而新的问题将留待我们继续观察。

何以为边：全球流动的
边界景观

"难民"还是"移民"，我们该如何称呼从中东到欧洲的流动人潮

在金属的围栏内，阿拉伯妇女们在庭院内一边围坐谈笑，一边看护着正在追逐或荡秋千的孩童，门口有一位阿拉伯男子正在投喂鸽子，到处一片祥和的景象。

这是 2018 年 7 月我造访位于保加利亚首都索菲亚最大的难民营时看到的情景。

这座难民营由几栋新建的住宅组成，楼下是活动的空地，尽管整个营地被围栏所包围，需要特殊的申请许可才能进入，但入口终日开放，里面的人可以自由出入。"小区"旁边还建有一幢现代化的医院。

这些难民营包括医院的建设费用均主要来自欧盟。因此对保加利亚来说，难民的到来，在某种意义上是一件值得"欢迎"的事情。但对绝对大多数难民来说，这儿只是个临时停靠的落脚点。

喂鸽子的男人是一位来自叙利亚的库尔德青年，当我问起他的难民生涯，他突然变得有些沮丧，他说这不仅是因为家园被毁，而是因为 2017 年底他刚刚从德国被遣返回保加利亚，

他并不喜欢保加利亚，相比德国，这里没有好的工作机会，收入水平也较低，但他却无能为力。

难民营的路口处，我又遇见两位来自伊拉克的妇女，她们正准备去市中心购物，相互问候后，一位妇女有点激动地对我说，她有四个孩子要养，孩子的爸爸每天不停地在外工作，她现在最渴望的是全家人可以搬去德国，而对于是否愿意回到伊拉克，她俩果断地回答道："不想回！"

一位叙利亚难民曾这样吐露心声："我们不喜欢被称作难民。"这种心理颇耐人寻味。

图8　位于保加利亚首都索非亚的难民营

资料来源：作者拍摄。

返回下榻的酒店，我查阅着网上的资料，看着画满箭头、如"行军地图"一般的难民路线以及"满目疮痍"的难民报道，不免产生一个疑问：到底什么是难民？什么才是他们真正关注的？安全？舒适？还是流动性？

在东南欧国家的交通站点，我们经常可以碰见这样的景象，大队的中东难民拥挤在车站门前和线路两侧，与警方对峙，他们希望突破封锁的防线继续前进，人们手持着购买的国际列车的车票，大声高呼"让我们走！让我们走！自由！德国！"不难想象，数十万难民在几天或几周的时间内穿越一个又一个国家，一条经典且曲折的中东难民移动路线随之浮现：土耳其—希腊—北马其顿—塞尔维亚（巴尔干半岛诸国）—匈牙利—奥地利—德国。正因如此，若以"难民"或"避难寻求者"（asylum seeker，土耳其政府的官方定义）为中心来思考这些群体显然已不足够，而"移民"（migrant）这一更大范畴的概念逐渐被越来越多的观察者所使用。

如今，匈牙利首都布达佩斯的凯莱蒂火车站和奥地利首都维也纳的西站已成为这些移民、志愿者最主要的聚居区，同时也是匈牙利等国政府、欧盟官员关注的焦点。火车站的隧道里挤满了成百上千的人，尽管大量友善的本地志愿者和市民愿意为他们提供安全舒适的住所，但显然，移民们更愿意留在原地，他们在这里搭建简易的住所，歌唱或病倒，只是为了获得再次流动的机会。

现行的难民庇护条例以1990年签署的《都柏林公约》为基础，其中规定了"第一入境国"等原则，即难民应在进入欧盟后踏足的第一个国家申请避难，这个国家也有义务在难民申请期间解决他们的生活问题，直到欧盟将难民指派到其他成员国。显然，作为一部欧盟法律，其将庇护的压力集中在以土耳其、希腊、意大利为代表的欧洲边境国家，而法律背后投射出的"非流动性"（immobility）问题也自然与《申根协定》倡导的欧洲内部的自由流动相悖反。

正是在这一语境下，流动性高度释放的区域才成为难民真实的公共领域。也就是说，难民的公共领域，不应简单地被定义在国家的边界地区，而更可能是人员流动的交通枢纽和要道。欧洲各国在难民安全环境上的营造以及日益强化的边界管制本质上都指向对移民流动性的约束，而不是难民概念及其生存本身。

在移民而不是难民的认识之下，我们会发现这是一个更为悠久且复杂的问题，早在20世纪八九十年代，地中海沿岸及东欧地区移民体量的大幅增加便已经刺激欧盟各国开始思考如何强化自身的边界管理。例如1986年，西班牙在加入欧盟之后便颁布了首部移民法案以应对北非移民的流入，其核心既包括对政治领土边界的管控，也涉及劳工、教育、融入等社会经济事务。如若将欧洲边界的范畴向外扩延，我们更会发现摩洛哥、突尼斯、利比亚、黎巴嫩等地中海南岸国家在更早的时期已经成为撒哈拉以南非洲和中东移民的重要目的地。

在此，我们似乎可以勾画出三条在成型时间上或有先后、在地理上具有远近的"移民线"：第一条以欧洲南部国家、巴尔干地区及东欧地区为线索；第二条以北非国家、小亚细亚地区国家为线索;第三条以撒哈拉以南非洲,中东、中亚腹地国家为线索。

一位土耳其教授曾对我说,在欧洲的土耳其人在阶层上要比阿拉伯人高,他们来到的时间更早,从事着更体面的工作。一位突尼斯留学生也曾与我分享,今天突尼斯的年轻人都向往欧洲,留在本国被视为失败,而突尼斯国内现在都是利比亚人(在利比亚战乱以前很少)和撒哈拉以南非洲的移民。

毫不讳言,这一浓厚的"欧洲中心主义"图景令人厌烦,却也透露出大部分的事实。所谓的中东难民潮更多地体现在"移民线"之间相对稳定的社会经济结构被打破,他们并非一早便计划进入欧洲,而是随着所在国的政局动荡,借由移民流动传统而产生的剧烈冲击。因此,若我们承认移民浪潮是一种现象,那么近年的中东难民问题便不会显得那么突如其来了。

在常识性的观感中,难民总是衣衫褴褛、食不果腹,但当梳着油亮头发的叙利亚小哥在伊斯坦布尔的街头向人兜售新款的服装,当热情的阿富汗大叔在布鲁塞尔的窄巷里经营着肉铺和杂货店时,有关难民的形象将得到修订。

不可否认,逃避国家战乱是其流动的一大动力,但对于美好生活的向往,以及紧密的亲属网络和适宜的经济条件是更为关键的支撑性条件,在这一层次,围绕难民和移民的描述将走向趋同,移民的能动性和主体性问题上升为分析的重点。

保加利亚通往塞尔维亚的国际公路上,分布着一些破败的村镇,其中站着一些打扮浓艳的少女,我询问车上的友人她们是难民吗?友人回答道:"不!她们都是吉普赛人。"

图9 由越南难民营改建而成的吉普赛人社区

资料来源：作者拍摄。

此前提及的索非亚中东难民营附近是一处不为人知的社区，20世纪80年代修建的越南战争难民营建筑遗留至今，当年的难民早已离去，肮脏的楼道让人不忍直视，狭窄的街道坑坑洼洼的，遍布污水，蓬头垢面的路人警惕地看着陌生的行人，这里是索非亚最大的吉普赛人社区。

当我们看到移民（或者说难民）带来的社会问题在媒体和公共舆论中广泛发酵时，事实上，作为国民的吉普赛人似乎更令保加利亚和当地民众担忧。在一场尚未终结的难民潮之下，不仅是移民，更多的"浪花"也将泛起。

桥梁或边界：英法海底隧道见证着欧洲一体化和英国脱欧的反复历程

　　尽管已是 6 月中旬，但英国南部连绵的阴雨天却让人冻得不得不在房间里搓着双手、开着暖气。人们总以为位于英伦北部的苏格兰和北爱尔兰才会与寒冷联系在一起，南部的英格兰则应一如往常地沐浴在帝国的骄阳之下，殊不知寒凉是不分南北的。

　　在英国，天气是一个永恒的话题。天气晴好时，我与同行的英国绅士寒暄，"今天的天气不错啊。""不不不！就这么一阵。"他拼命地摇头，并开始滔滔不绝地分享自己对过去和未来一周天气的看法，"大概一小时后就会下雨，你看吧。"就连外来移民也不例外，酒店里从事勤杂的立陶宛姑娘见到我的第一句话便是"今天天气很冷吧？"尽管她随家人来此还不到一年。

　　似乎不以天气作为开始，就很难开启有效的交谈，更无法抵达本地人的生活世界与内心。而在天气之后，人们最热衷谈论的话题便是生计与"脱欧"。

　　今天所能看到的景象足以证明"英国脱欧"就是一场源于

精英们的"政治游戏",危险、反复,充斥着"想赢怕输"的
情绪。而首相"梅姨"抹下的眼泪肯定不可能唤起所谓的国家
公义,因为她自己都深陷党派与个人利益的博弈之中。当我们
能够注意到,人们更关心1英镑到1.2英镑的商品价格涨幅以
及日渐疲软的英镑汇率时,就会明白很少有人会真的读着报
纸、抱着收音机去关心政党们长篇累牍的宏大设想,而只会被
夺人耳目的宣传口号所驱使。因而可以确定的是,民主政体之
下投出的每一张选票或许并不意味着"理性人假设"的成立,
而更多的也许是人们在一时的聒噪与亢奋中对现实生活的一次
情绪表达。

在众多观察者眼中,拖沓的脱欧进程已经让英国陷入一个
两难的局面,但或许反复无常的天气使得英国人对世界的思考
总是反复无常的,这也提醒我们这并非一个刚刚开始的故事。

正如寒凉不分南北,作为一个岛国,在脱欧话题上,我们
很容易习惯性地围绕英国北爱尔兰与爱尔兰的边界划定展开讨
论,在"硬边界"与"软边界"之间做选择,将这一条临靠
大西洋的领土边界看成英国与欧洲边界关系的缩影。但事实
上,在相反的方向,位于英格兰东南部的英吉利海峡更能直接
反映出英国与欧洲大陆之间长久以来"暧昧"的边界心态。

英吉利海峡(English Channel)连通着北海与大西洋,也
分隔着英国与欧洲大陆,多佛尔海峡位于英吉利海峡的最狭窄
处,宽不足34公里,英国的多佛尔(Dover)与法国的加来
(Calais)在此隔海相望。

长久以来,英吉利海峡作为一条天然屏障护佑着英伦三

岛，尽力阻拦着一次又一次对大不列颠地区的入侵，从古罗马时期的远征到第二次世界大战时期的进攻，直至今日。海峡的存在也成就了英国在政治、经济、文化上有别于欧洲大陆的独立性。

与此同时，冲破地理障碍实现更大范围、更深程度的交流与交通却构成另一种心态。早在 1802 年，英法双方便开始设想开通一条海底隧道来彻底解决由自然边界带来的交往问题。但这一设想却历经近 200 年的争论才得以实现，1994 年 5 月 6 日，著名的英法海底隧道（Channel Tunnel）贯通，英国女王伊丽莎白二世搭乘欧洲之星列车（Eurostar）经由隧道抵达法国的加来。2007 年，在高速铁路的加持下，从伦敦到巴黎的行程缩短至 2 小时 15 分钟。英法海底隧道的贯通不仅是一次人类改造自然的伟大工程成就，更改变了英国与欧洲大陆的边界面貌。

1966 年，英法两国领导人共同签署了第一份在英吉利海峡建造联通隧道的联合声明，但在 20 世纪 70 年代的经济危机时期，出于保护本国经济的考量，英国政府单方面放弃了该声明。直到 20 世纪 80 年代，一股难以阻挡的政治经济潮流让这项世纪计划重启——欧洲一体化。

1986 年，英法两国再次签署《坎特伯雷协定》（Treaty of Canterbury），随后特许一家私人公司欧洲隧道公司（Eurotunnel）建造并经营海底隧道，时限为 55 年（后在 1997 年延长至 99 年），而边界管理则规定由英法双方政府协商完成，并成立众多合作管理部门。

1991 年，英法进一步签订《桑加特协议》（Sangatte Protocol），协议中明确重申了隧道边界管理的目的在于简化程序从而提高通行速度，并提出并置管理的方案，即双方的执法人员可以在对方国家的领土范围内设立检查点，行使边界管控的权力。但在 1994 年，隧道贯通，欧洲之星列车正式通车之后，新的问题随即出现。许多不具有入境英国的合法证件、但获准在申根区流动的移民群体搭乘列车前往英国，这其中包括大量的难民和避难寻求者。鉴于这一情况，英法两国在 2000 年签订补充协议，明确了在欧洲之星的各个车站提前进行流动管控的事项，并于 2003 年扩大为包含比利时的多边协议。从始至终不愿加入申根协定与欧元区的英国正是希望借此对移民进行筛查，并拒绝对非法移民提供庇护。

上述由在不同年代签署的一系列协议搭建而成的法律框架看似能够保障和平衡隧道所引申的流动性与安全性问题，但却既在观念层面投射出英国难以抑制的焦虑，也在事实层面产生新的危机。

在有关隧道的法律框架中，一种屡见不鲜的"超国家主权"的治理体系出现了，对方国家的执法人员可以在本国领土上的管控区行使权力，这种以离岸执法为标志的主权形态已经成为一种遍布全球的边界景观，但这也从根本上挑战了英国借由海峡奠定的独立性。因而，在观念层面，为了连接英国与欧洲大陆、追求欧洲一体化而建成的海底隧道事实上转变为英国与欧洲新的边界：其一方面承载了海峡传递下来的边界性，分隔出英国与欧洲大陆在地理与法律层面的差异；另一方面，控制、筛选和抵御着来自欧洲大陆的人口流动，作为调节流动性的"变速器"，而不是简单的"加速器"。

这也因此令现实层面让人遗憾的图景再次出现。1999年，本应以沟通的桥梁为标志的法国加来居然建起一座难民营，即因300名科索沃难民的到来而产生的桑加特难民营。随后的十几年间，这座由废弃的飞机仓库改造出的临时性难民营逐渐扩大，难民由不同的战乱国家而来，聚集的数量扩大了10余倍，1座公共厕需要应对100名难民的使用量，这里也因此被称作为"丛林"。

英法两国相互责备对方应当承担更多的责任，英国与欧洲大陆一体化的愿景不复存在，新的协议也在这一背景下诞生。最终，恶劣的生活条件和不断滋生的治安危机迫使法国政府于2016年强行将其拆除，将难民遣送至不同的安置点，但并无助于扭转难民试图前往英国的愿望和行动。

隧道最终竟成为非法移民实现前往英国目的的重要载体。大量难民尝试以剪开隧道的铁丝网，趴在列车上的方式潜入英国，在他们看来，英国在语言上的便利、安全稳定的生活环境、较高的社会保障以及更多更好的工作机会使其成为优于众多西欧国家的选择。而讽刺的是，众多的优越条件正是因边界（不论是海峡还是边界化的隧道）的存在而产生的。

在欧洲一体化进程高涨的时期，海底隧道得以建成，彰显出英国与欧洲大陆相对放松的心态，但随着一波又一波难民的到来，围绕海底隧道利弊的争论愈发频繁，进入一个极为复杂的阶段。

一部分人认为正是隧道的修建和运营才使得海峡对岸聚集的非法移民数量暴增，威胁着英国的社会经济安全。另一部分人则担心与欧洲关系破裂，会使得对方放弃合作，从而令非法移民问题更难解决，直至不得不将隧道彻底关停。这场围绕隧道的、自世纪之交便已有的争论愈演愈烈，汇成脱欧问题的焦点，而上述两种声音恰如其分地对应了脱欧派与留欧派的主张。

英国与欧洲大陆的边界问题永不会终结，无论是海峡还是隧道，都将在英国社会相互冲突的边界观念中、安全与流动的现实张力之下被反复检视。

站在英国南方面朝宽广的大海，渡轮在此进出，灯塔在此闪烁，很难想象这里会存在什么清晰可见的边界，身边忽然有人路过，谈论着天气，他们说海边的天气总是更加反复无常。

从二战"大西洋铁壁"看现代
欧洲一体化的雄心与忧虑

第二次世界大战期间，最著名的军事防线莫过于法国修建的马奇诺防线（Ligne Maginot），建造历时 11 年（1929—1940年），耗资 50 亿法郎，绵延数百公里，法国自信这条庞大的钢筋混凝土防线可以抵御东部战场来自德国的正面进攻。与此同时，德国方面也几乎在同一时期建造了齐格菲阵地（Der West-wall，或称作齐格菲防线）保卫德国的西线，与马奇诺防线"针锋相对"。我们可以将它们统一归类为以现代民族国家领土为中心的边界工事，而军事是廓清边界问题最直接有效的途径。

两条防线最终的结果极富戏剧性，马奇诺防线随着德军主力绕行法国北部防御薄弱的地区而尴尬地没有发挥任何作用，成为战争史上的笑谈；而齐格菲阵地也伴随着"新西线"（New West Wall）的建造而失去主要的价值。

马奇诺防线的强大能力毋庸置疑，齐格菲阵地的先进性同样令人印象深刻，但"新西线"的建造却在更大意义上真实地标记出现代欧洲可能的领土与边界雏形，并奠定了今日欧洲超越民族国家—领土中心的边界理念。

"新西线"又被称作"大西洋铁壁"或"大西洋壁垒"（the Atlantic Wall），由德国在 1941 年末开始修建，但直至战争结束时仍未完工。这是一条自挪威北部沿海延伸至欧洲南部法国与西班牙边界的军事防线，长达 2700 余公里，1942 年被正式冠以"大西洋"之名。

1940 年对英空战的失利迫使德国开始思考如何防卫欧洲大陆，尤其是当时与苏联交手的东线战场陷入停滞，西线的重要性就更加凸显了。正是在这一时期，"大西洋铁壁"的修建计划被提上日程，同时欧洲作为一个相对整体的现代形貌逐渐浮现。

尽管被命名为"铁壁"，但它从来不是一道密不透风的高墙，这也投射出随后极为现代的边界意涵。"大西洋铁壁"的建造理念是以齐格菲防线为基础的，在我看来，齐格菲防线之于马奇诺防线在战略上具有毫无疑问的先进性。

马奇诺防线是一类比拟"钢铁长城"的大型军事工事，甚至包含兵工厂、发电站、有轨电车等永久性基础设施。齐格菲防线则以小型的、结构简单的工事为主，但却多达 11860 座，远超马奇诺防线，并且建造耗时仅 3 年（1936—1939 年）。高密度以及高灵活性的防御体系长时间阻挡着英、美盟军 1944—1945 年对德国本土最后的总攻，对流动性的遏制而不是对领土的绝对防御构成这一防线的根本。

"大西洋铁壁"延续了齐格菲防线的建造理念，由一系列相互分离的、独立的、大小不一的建筑工事构成，每一个工事皆可从四面进行防御，并且工事和工事之间能够提供有效的火力支援。德军原计划在荷兰、比利时和法国的海岸线上建造15000个这样的堡垒，但到1943年1月仅完成6000个，这也为后续的防卫失利埋下了伏笔。

尽管它是一条未完成的防线，但依然在1942年8月成功阻挡了由加拿大、英国军队组成的盟军部队对法国港口迪耶普的突击，盟军为此付出4000名士兵阵亡或被俘、近百架战机被击落的代价，最终一败涂地。迪耶普战役之后，1943年德国陆军元帅隆美尔受命强化这一防线，其中加快建设进度和提高灵活性始终是重点，以此更好地将敌人消灭在海上。

多次战争的洗礼之后，希特勒所设想的以"大西洋铁壁"为核心的"要塞欧洲"（Fortress Europe）虽然未能如愿，但"要塞欧洲"却逐渐演变为后续理解欧洲边界议题的重要的政治地理学概念。

首先，可以明确的是，现代欧洲应当以连续的海岸线作为边界的地理标识，如果尝试将"大西洋铁壁"包含的要塞和堡垒连成线，便可以清楚地勾勒出欧洲的西部边界，将欧洲大陆与大西洋分隔开来。在此，英国之于欧洲大陆暧昧的心态和行动被挑明，客观地被排除在欧洲边界之外。这也相应地揭示出今日欧洲之于英国脱欧的两可心态——英国入欧无碍，英国脱欧无妨；但对欧洲内部国家的脱欧企图或背离一体化的风险却极为警惕，为了抵御来自欧洲边界之外的对手，欧洲势必需要作为一个整体。

其次，控制来自海上的进攻和移动构成现代欧洲处理边界问题的关键，因此弥散的、点状分布的要塞而不是连绵的、实体化的高墙呈现为具体的边界形貌。一方面，来自战争时期的历史记忆，以及海上防线被突破，意味着大势难以逆转，这在欧洲追求内部自由流动的今天意义甚至更加重大；另一方面，流动性带来的安全威胁远比领土的得失严峻，强化边界防控上的灵活性已经被验证是战争中防御与进攻的关键。

再次，欧洲的西部边界逻辑和实践在南部边界与东部边界不断复制，地中海的南岸和东岸、黑海的西岸和北岸等地区成为战略意义不亚于"大西洋铁壁"的防线。在这一语境下，欧洲东扩可以被理解为向海岸线的不断延伸，对不充分的"要塞欧洲"不断扩容，其立意在于安全而不是进攻，在于将整体性欧洲勾勒出来。当然，这也自然会带来与东欧大国在远离海洋的陆路疆界上的纠缠不清。

最后，正如"大西洋铁壁"包含的防御工事在冷战时期被再次利用，成为居民可使用的庇护所以及后续发展生产的可能空间，边界问题在战后由以军事为主导转向政治、经济、社会等多个领域。唯一不会改变的是对海上边界流动性的关注，伴随着自欧洲南部和东部而来的非法移民、难民以及避难寻求者的移动，要塞的意义不仅不会减退，反而会增强。只不过"要塞"的物理形态同样在发生改变：一方面，随着技术的提高，"要塞"呈现为检查点、车站、机场、港口乃至网络系统，例如西班牙针对海上非法移民的海上边界监控体系；另一方面，这些与常识不尽相同的"要塞"从海岸线深入欧洲内陆腹地或离岸地区，甚至浮现于网络之中，海上防线的本质被彻底萃取而出，正是对流动性控制和治理的追求，"要塞欧洲"已经或正在向"网络欧洲"转型。

今天，如去瞻仰"大西洋铁壁"残存的那些零散的堡垒和沙坑，其貌不扬的外观一定会让人大失所望，沿着它们曾经监视的方向望向一望无际的大西洋，也很难体会到"铁壁"所包含的战略意义，但正是这份波澜不惊之下蕴藏着欧洲大陆自为一体的雄心，风从海上而来，也将从海上而去。

从双子城到隔离墙，且看美墨
边界的移民政策如何变迁

  美国政府于 2019 年 5 月 30 日宣布，将从 6 月 10 日起，对所有墨西哥输美产品征收 5% 的关税，直到墨西哥政府能够让非法移民不再通过墨西哥进入美国，若非法移民问题不能得到解决，关税将持续提高。关税与移民两类看似毫无关联的事物就这样被生硬地联系在一起，是什么样的非法移民状况迫使美国在全球市场时代不断地使用让人嗤之以鼻的关税武器，并肆无忌惮地将责任转嫁到邻国身上？

  随着全球流动的普遍发生，威斯特伐利亚体系以降、有关民族国家理性型的假设受到剧烈冲击，尤其是自 20 世纪 90 年代以来，人们津津乐道一个"无边界世界"（borderless world）的到来，我们看到区域一体化进程的加速，以及自由贸易区的广泛建立。在这一语境下，美墨之间的跨界城市在 20 世纪迎来统一与繁荣。例如，美国亚利桑那州的诺加利斯与墨西哥索诺拉州的诺加利斯曾共同创造出一个被誉为"双子城"（Ambos Nogales，"两个诺加利斯"）的单一跨国社区。有观察者描述过 20 世纪 70 年代的诺加利斯，"'双子城'就在我的眼前……这是一个更为整洁、繁荣、悠闲、双语化、国际化，也更具活力的社会。在清晨的车流中等待过境墨西哥时，我看见川流不息的单日游客，他们涌入南部诺加利斯的古玩店和餐厅；而大量的墨西哥消费者，则涌向北部诺加利斯的各类商店和超市。两侧的过境者都与美国和墨西哥的海关人员谈笑风生"。①

而在美国的埃尔帕索（El Paso）与墨西哥的华雷斯（Ciudad Juárez）之间，类似的以跨界交流为基础的"孪生社区"（twin-cities）同样存在，美墨两侧的居民每日自由地往返，跨越边界开展工作、消费或求医本身就是他们的日常生活。这样的跨界交流从来不会令人们感到意外，这本来就是一种普遍的全球边界现象。

但在 2006 年，美国国会以国土安全的名义通过拨款修建美墨之间的隔离墙计划，同时推广高科技的边界管理项目。在此背景下，2011 年"双子城"进一步升级美墨边界线上的阻拦物，以往邻里间松散的木栏终于变为一道道高耸的钢墙，但这一升级过程并不是突然发生的，事实上，自 20 世纪 90 年代中期以来，美国的"修墙"工作已经逐步展开，边界在日常生活中变得更加具象化。

有趣的是，修墙从不能真正地中断两侧的纽带。在微观层面，毒品走私者依然可以在墙体之间的缝隙间（约为 10.16 厘米）传递包裹；亲友们同样在此握手和传递纪念品，乃至分享

① Randall H. McGuire, "Steel Walls and Picket Fences: Rematerializing the US-Mexican Border in Ambos Nogales," American Anthropologist 115, No. 3, 2013, pp. 466–480.

野餐。而在宏观层面，随着75%的游客量减少而带来的经济萧条，合作的"双子城"变成危险的诺加利斯，大量废弃的地下通道（包括下水管道）被不法分子重新启用，犯罪与暴力激增，而两地的合作消防却因墙体的修建而变得难度增加。

到底是什么原因改变了美墨边界日常跨界流动的图景？

美国的非法移民问题久已有之，一直就是美国政府关注的对象，但并不意味着这是一个单纯的安全议题。美国海关与边境保护局对墨西哥非法移民的逮捕量从1964年的约3万人猛增至20世纪80年代中期的100万人，并基本稳定在这一数字上，而在2008年经济危机之前攀升至117万人。但在2008年以后人数却出现大幅下降，不足2006年峰值的1/3。这并不表明移民到达数量的真实减少，也很难完全归功于修墙计划的有效性，而是美国基于廉价劳动力的实际需求与利用所带来的统计学结果。

我们发现美墨边境上分布着大量的联营工厂和私人农场，就能意识到非法移民问题的关键并不是非法入境而在于非法滞留。如何在摇摆的、实用主义的政策引导下，制造和生产非法移民话题从而服务于美国的经济社会发展，才是以国会议员和企业家为代表的美国精英阶层关心的重点。

在经济领域，非法移民不仅提供了可轻易被剥削的廉价劳动力，满足了雇主在成本控制上的现实需求，同时非法性的身份也使得一大笔应当投入劳工社会保障的费用被节省下来。例如一部分早期移民、白人社区成员和工厂主通过租借自己合法的社保身份给非法移民用于工作申请和应对检查而坐享其成，他们得以免交社保金，却获得就业和退休保障，并且不用工作；而当事故或失业发生时，真正在工作的非法移民却不可能通过假的身份获得补偿。自此，非法移民在"非法性"的不断生产中沦为一类可以被轻易利用，同时也可以被随意抛弃的廉价劳工。一个有趣的现象在于，美国社会的精英们非常清楚非法移民问题包含着入境与滞留两个方面的内容，却始终在强调管控边界线的意义，而对检查内陆腹地的移民工厂却缺少兴趣。

在社会领域，非法移民为美国社会重塑了团结一致的可能性，并将经济话题与国家安全捆绑在一起。当边界线上的高墙被筑起，边境居民感知到的并不是国家变得安全，而是我们可能正在遭遇危机，因为现实情况提供的画面是钢墙并不能有效地阻挡非法移民的进入。与修墙行动同时兴起的是边境居民自发的边境巡逻队的出现，人们自愿投身于阻拦非法移民的"战斗"中。而在内地的城市社区，国家对非法移民进行污名化，制造出恐怖分子深藏其中的流言，进而将诸多与其无关的社会经济问题扣在他们头上，并施以不同程度的管治，以此凸显国家正在不断作为的良好与强大的形象。

于是，为应对一轮轮的全球性经济危机引发的连锁反应，以及"9·11"事件以后国际恐怖主义带来的巨大威胁，国际社会有关边界的讨论不再是"屏障"还是"桥梁"的二元化对比，而是如何在"去边界化"（de-bordering）的努力之下维持"再边界化"（re-bordering）的必要性；反之亦然，其针对的不是领土控制，而是人口流动。

　　紧接着的是一个新的问题：在如此恶劣的环境之下，墨西哥的非法移民为什么要来？又是如何来到的？

　　对此，我们需要处理一个看似无需讨论的问题：美墨的边界在哪里？

　　毫无疑问，在地理层面上，美墨边界存在于美国南部和墨西哥北部的交界地带，但在跨界流动与移民的视野下，更重要的"美墨边界"是在远离美国本土的墨西哥的南部。

　　墨西哥的非法移民并不意味着一定是墨西哥人，其主体更有可能来自广大的拉美地区，例如墨西哥以南的危地马拉。因此，站在美国的角度来看，被标榜为"国家政策"的移民政策很显然是一个区域性政策乃至全球性政策，而墨　　被看作一个过渡地带。

　　美国可以花费巨资在自身边界线上修墙　　高新监控技术，同样可以影响墨西哥在南部边界上　　位于墨西哥东南部恰帕斯州（Chiapas）的塔帕　　（Tapachula）是墨西哥与危地马拉的边界地带　　墨西哥政府便开展了一项"南部边界　　（order Program），针对的主要就是这一　　

　　　　划直接得到美国政府的支持，由此可以证实我们对真实　　墨边界的判断，其目标是强化对移民路线和站点的管　　以"二十一世纪"站点（Siglo XXI）为代表，每年约有15000个中美洲非法移民被逮捕和遣返，侥幸通过的移民会沿这一路线（一条实际的公路）一路北上，直接通往美国。

　　但墨西哥在南部边界管理上的失效却也是显而易见的。在

本地的苏恰特河（Suchiate）两岸，我们会看到这样的景象，在官方的检查区域，墨西哥政府采用生物技术、军事管理、经济管控等各类管理手段对过境移民进行检查，但十几米开外的河面上却是成群结队的、不计其数的、来自不同国家的"摆渡人"（boatmen）在检察人员的眼皮底下穿越边界，乘船的价格仅为2—4美元。而其背后高额的非法利润吸引着军方部门、移民组织、地方警察、运输公司及各类相关方维护着这一移民流动体系。

尽管"布满孔道"的墨西哥南部边界令人难以置信——这些在日常生活中被形容为"自由区域"（free zones）的边界地带挑战了人们对当代国家边界的认知；但事实上，在社会文化层面，这样的边界现象却是自然的，不论是20世纪70年代的美墨跨界城市还是修墙后的美墨边界，都已提供这样的图景，即边界作为国家主权的分隔线并不能阻碍地方社会的联系，无论是合法还是非法的。因而，不论是墨西哥、危地马拉还是美国，都无意也无力全盘对边界进行控制，且生硬地一味强化边界管理的后果可能更可怕。

以中美洲国家危地马拉为例，1996年，和平协议签署后的危地马拉并没有迎来贫困和社会不平等的减少，反而面临更为严重的社会经济问题。2006年，中美洲自由贸易协定签订并实施，在没有明确的替代供保障方案的情况下，危地马拉其他种植的、以小农户为中心的主要生产种植业遭到重创，而在咖啡等传统出口经济行业中，开放的全球市场进一步侵蚀了季节性劳工的工作机会，由此带来的是土地资源的争夺和失地农民的流散。在今天的危地马拉，不到5%的人口控制着全国80%的土地，而剩余95%的人被认为是不再被家园所需要的"一次性"（disposable）人口，紧随而来的是可以预见的、结构性的、大规模人口迁徙。

不论是合法身份还是非法身份，大部分中美洲移民需要举债通过墨西哥前往美国，以获取足够的报酬养活在本国的家人，而因高利贷不断堆积的债务和利息、移民过程中的风险与盘剥、强化的边境管理带来的入境可能性降低，使得移民只有承担更为沉重的移民代价，接受更为苛刻的移民待遇，才能到达美国——首先是为了偿还债务；而当遭遇拒绝入境或遣返，一个更可能预见到的结果是再次尝试，这也意味更多的债务以及更恶劣的条件，一个可以不断生产出非法移民的循环网络便诞生了。

在美墨边界的观察中，范围与范畴不限于美墨两国的移民生产系统浮现了出来，对流动的筛选而不是阻拦构成这一系统的核心。不论是隔离墙、南部边界项目等政府的边界工程，还是"摆渡人"、移民债务等地方性实践都包含其中，今天我们所审视的关税政策或许同样如此。

从美墨边境跨界医疗旅游说起，"全球北方"如何支配"全球南方"

近年来，以"医疗"为旗帜的跨界医疗旅游逐渐在全球兴起。但任何一种边境事物在表现其特殊性的同时，也会呈现出某种普遍性，跨界医疗旅游也是如此。全世界最具代表性的因医疗旅游而闻名的城镇莫过于位于美墨边境的墨西哥小镇洛斯阿尔戈多内斯（Los Algodones）。在这样一个人口不过8000的小地方却有着500名左右牙医，这也让这一个名不见经传的小镇成为著名的"牙科中心"。

长期以来，由于美国与墨西哥有着巨大的政治、经济非均衡性差异，美墨边境地区吸引着众多怀揣各色目的的旅行者和移民。许多墨西哥人北上至边境地区，希望可以跨越边界，进入美国；而反过来，许多美国人则南下，希望在墨西哥寻获廉价的资源，以满足个人所需，这其中便包括个人的医疗服务。

很显然，洛斯阿尔戈多内斯的牙科绝不是因服务本地或本国人而兴起，而是得益于美国人、加拿大人的跨境医疗旅游。早在20世纪80年代，美国人来到这个距离美国南部边境只有4公里的墨西哥小镇，在随后近40年的发展中，小镇摇身一变，成为今天的北美医疗旅游目的地。

洛斯阿尔戈多内斯始建于 1876 年，但在 20 世纪 80 年代之前仅是一个服务于附近农场和过路者的站点，直到一位名为贝尔纳多·麦格纳（Bernardo Magana）的美国牙医来到当时只有 750 人的本地，建起第一间牙医诊所。随着他的到来，来自美国的求医者慕名来到洛斯阿尔戈多内斯，麦格纳医生也不断扩展他的牙医事业，在他的诊所培训了 50 名牙医。与此同时，新的牙医也从美国而来开展业务，逐步发展到今天超 500 名的规模，小镇绝大多数的居民皆受雇于与牙医有关的行业，例如护理、安保、停车或服务员等。如今，洛斯阿尔戈多内斯人均GDP 高达近 2 万美元，超出墨西哥人均水平近 1 倍。

低于美国牙科约七成的价格和优质的服务是洛斯阿尔戈多内斯赢得市场的重要因素。在相关的媒体报道中，一位常年忙于生计、疏于照料牙齿的美国卡车司机在得知一整套牙科诊疗高达 2 万美元时异常绝望，却最终在墨西哥获诊，而相同的项目仅花费了 3800 美元。正是凭借这种不可比拟的价格优势，洛斯阿尔戈多内斯接诊的病患中有 97% 来自美国或加拿大。

优质的服务进一步保障了小镇的繁荣，不论是专业的旅行公司提供的便捷的、节省时间成本的跨境交通，还是本地管理者在社会治安、公共卫生等方面做出的努力，都使得这座边境城市改头换面，充满朝气。在众多评论中，洛斯阿尔戈多内斯被视为一个美墨两地共同发展的"双赢"结果。

但光鲜背后的隐情还需要进一步观察。

首先，数以万计的美国人每日来到墨西哥边境地区求医，揭示出美国医疗体制的不平等。尽管有着价格上的巨大优势，但改变不了 1 亿左右的美国人缺少牙科保险的现状，他们其中大多数是老人，自嘲为"医疗难民"，不得不远赴千里之外的墨西哥求医。而即便是拥有牙科保险的人，年度 1500 美元的额度甚至不足以覆盖做一颗牙冠的费用（高达 2000 美元），更不用说种牙等项目的费用了。美墨边界不仅区分出两个在政治、经济上具有极大不均衡的世界，而且在跨界流动中过滤出两个截然不同的社会阶级。我们不难想象，什么样的美国人会坐上前往墨西哥的小巴，跨越边界求医或寻找工作。

其次是从业者的构成，今天的小镇居民大都能熟练掌握英语，这既是进入行业的必要条件，也表明了他们可能的身份。许多从业者有着在美国工作或生活的经历，他们可能是被驱逐的墨西哥移民，也可能是无路可走的美籍墨西哥人。许多从业者的家人仍然居住在美国或加拿大，而为了家人们的生活，他们不得不来到小镇寻找工作。另一部分人则可能来自墨西哥南部或更广大的拉美地区，例如 2006 年中《美洲自由贸易协定》签订后制造出的大批失地农民。他们一不小心便卷入资本主义全球市场的浪潮中，从自给自足的经营者沦为被剥削的廉价劳动力，并进一步被阶级固化。

最后，墨西哥小镇热火朝天的医疗旅游视野无法改变"全球北方"（Global North）对"全球南方"（Global South）的支配。97% 的境外消费者呈现出的对外繁荣也可以表达出另一个意象，即 3% 的国内消费能力。尽管墨西哥每万人所拥有的牙医比率高于加拿大，但墨西哥人的牙科就医率却并不高，大多数墨西哥人并没有能力去诊所看病，根源却在于私人诊所高昂的价格。自20世纪70年代，墨西哥的牙科培训便已开启，一大批牙科医生进入牙科行业，但却只有少数人能够进入国内的公共医疗体系，这也导致至今只有48%的需要牙科医疗的墨西哥人获得医治。可想而知，大量的墨西哥牙科医疗资源服务于"全球北方"的医疗旅游者。更讽刺的是，因墨西哥边境城市在医疗旅游上存在竞争，它们往往愿意以更为低廉的价格、提供更好的服务、放弃更大的利润空间来吸引美国游客，但带来的是墨西哥国内医疗资源的缺失。

当越来越多的求医者对洛斯阿尔戈多内斯的医疗服务赞不绝口，当众多媒体夸奖本地的经济振兴时，我们也许还得回到全球语境下老套的南北问题中，去找到那些不容易被发现、却极易去反思的空间。

当我们重新去观察遍布全球的医疗旅游，那些被光鲜的统计数据遮盖的可能除了为美、为健康所付出的沉重代价，还有更多的社会故事。

飞地中的飞地中的飞地：
印度—孟加拉国的奇葩边界景观

　　飞地（enclave），顾名思义，指的是隶属于某一行政区管辖却不与本区毗连的土地，只能依靠"飞越"其他行政主体的属地才能到达的所属领地；是一类特殊的人文地理景观。在行政区划上，飞地可大到国家，例如位于意大利境内的梵蒂冈、圣马力诺，南非境内的莱索托等"国中国"；也可小到村落，例如亚美尼亚与格鲁吉亚交界处的两个飞地村落。在面积上，世界上最大的飞地是与加拿大接壤的、与本土相分离的美国阿拉斯加州，面积达到171万平方公里；而面积最小的飞地存在于零散的村落地区，甚至只能以平方米来计算。

　　15世纪中期，飞地作为一个物权法术语出现，表明对被其他领主土地包围的土地开发需要在实践层面进行特殊且严格的操作，并在法律上赋予这些周边土地领主一定程度的优先权益。而有关飞地的正式外交文件出现于1526年签署的《马德里协约》（Treaty of Madrid）。在哈布斯堡王朝的争霸战争中，法国迫于西班牙等国的压力放弃了在意大利北部地区的飞地领土，飞地逐渐与国家之间的利益争夺和交换相联系。近代历史上，由于殖民主义与帝国主义自西方向外扩张，剧烈地改造着全球的领土格局，许多著名的地缘政治问题都直接导致飞地的诞生；反过来，飞地也成为解决这一类地缘政治问题的症结，例如二战结束以后的西柏林就是一块典型的飞地，在主权上隶属于联邦德国，但领土却位于民主德国境内。

毫无疑问，任何一块飞地的出现与形成都有着复杂的历史原因，而更为特殊的飞地形式则是飞地中嵌套飞地，甚至于飞地中嵌套的飞地中还有一块飞地。这样神奇的边界景观我们可以在印度与孟加拉国的边境地区观察到。

印度与孟加拉国北部接壤的边境地区存在 198 块飞地，在主权上，106 块属于印度，92 块属于孟加拉国，这也意味着印度和孟加拉国之间存在 199 段国界（198 段飞地国界加上印度与孟加拉国之间的主国界）。一位年逾 70 岁、居住在孟加拉国领土包围下的印度飞地居民曾这样表述自己的生存状况："这里没有道路、没有桥梁、没有食物，就像一座丛林，我就是一只被困于丛林的动物。"他们生活的地区尽管大多只与母国本土相隔几公里，却可能导致他们数十年无法跨境"返乡"。

1947 年，大英帝国统治下的英属印度解体，著名的"印巴分治"在南亚次大陆展开，正是在这一背景下，大量的飞地出现了。起初，该地区较为强大的库奇－比哈尔土邦（princely state of Cooch Behar）曾划定印度与东巴基斯坦（今天的孟加拉国）的领土边界，但传统的土邦政治体制却不具有现代的领土行政体系，因此在此之后大量的"母国"（home countries）对大批分散的领土进行主权声称，因而出现众多飞地中嵌套飞地的现象。例如孟加拉国的 92 块飞地中，其中 71 块飞地在印度（即孟加拉国的外飞地），但剩下的 21 块飞地全部位于印度在孟加拉国的外飞地之中，而印度的某 1 块飞地却位于这 21 块飞地中的一块，从而出现极为特殊的飞地中的飞地中的飞地。

有研究者研究这一现状的成因，归结于一个奇葩的传说，即 18—19 世纪土邦酋长赌博，他们以一块块土地而不是金钱作为赌注，经年累月的输赢便造成土地所属权的碎片化。另一个传说则指向 1947 年英国军官的醉酒事件，一位划定边界的英国军官酒后打翻了墨水瓶，墨汁散落在地图上，但这份地图第二天被当作正式文件公开了。

不论是哪一种成因，其结果都是，由于缺少与本土国家的有效联系以及羸弱的地方管辖能力，众多飞地地区变成"无国家"（stateless）的地理空间，基础设施条件和生活质量低劣，在应对灾害面前无能为力；乃至于在人口统计上也无法确定真实的人口数据，在很长的时间内，我们只能得到 5 万至 50 万人口的差异巨大的区间数字。

飞地造成的治理障碍不言而喻，早在 1949 年，印度对部分飞地宣布主权管辖，土邦国家的权力逐渐移交给印度政府，飞地上的居民成为印度公民。然而，一部分飞地上的穆斯林最早却是为了逃避在印度的宗教迫害和冲突才逃离原住地而来到本地，他们自然拒绝接受印度的主权管治。与此同时，一批世代生活于此的孟加拉国人也不愿意这样毫无缘由地成为他国的公民，从而中断与周围生活世界的联系。但反过来，孟加拉国的贫弱却也促使另一部分人希望并入或回归印度。

身份认同成为一个现实的问题，有观察者在这一边境地区的调查中发现，当被问及"你是印度人还是孟加拉国人？"等问题时，绝大多数受访者更倾向于回答"我来自飞地。"这是一个无奈的对现实状况的回应，当国家认同成为幻影，一个可能的疑问便出现了：以主权国家为基础的解决方案能否解决飞地问题？

2015年6月6日，介于飞地问题带来的治理障碍，印度总理莫迪曾访问孟加拉国，两国交涉长达十余年后终于达成飞地交换协议。基于该协议，印度将获得51块位于印度境内的孟加拉国飞地，而孟加拉则获得位于其境内的111块飞地，飞地上的无国籍居民可以自行选择印度或孟加拉国国籍。人们乐观地认为这将解决长达半个多世纪的飞地问题，但不论结果如何，在协议之外，仍有36块飞地未能彻底解决，而且即便是协议内的飞地同样未必有效。

多年的"无国家"空间的生活经历使得一种独属于飞地的身份认同出现了，飞地居民不再愿意接受被任何国家主体所定义，并且缺乏有关现代政治的想象，这是长时间的矛盾与飘零的生活经验造成的。有人说："如果印度和孟加拉国的政府能够体会到我们所受到的苦难，迅速地解决问题，我们就能得救，但是他们没有这样做……让他们看看这里孩子的脸颊，他们应该在读书，而不是工作。"①

---

① 政治地理学家里斯·琼斯的调查。Jone, R., "Categories, Borders and Boundaries," Progress in Human Geography, 2008.

　　在协议通过后的数年内，一种国家主义的认同政治依然凌驾于飞地居民的日常生活之上，飞地的积贫积弱使之成为国家拥有者的负累，不具有任何经济价值。同时，反复嵌套的飞地面貌也决定了化整为零的国家领土设想过于简单粗暴，在母国与客居之间，一条衍生于飞地居民日常生活的生命线仍在割裂我们对于领土的一般想象。

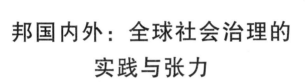

邦国内外：全球社会治理的
实践与张力

欧洲边境保护局：
一个时空错乱的欧洲一体化困境

随着 2019 年 7 月 24 日鲍里斯·约翰逊（Boris Johnson）以绝对的优势赢得英国首相相位，人们愈发容易相信一个"右倾"的欧洲社会已经诞生。尽管约翰逊谨慎地以"中右"人士的身份界定自己，但鉴于其对穆斯林妇女的嘲讽以及"建议"移民学习英语的主张，所谓的中间色彩在公众的观感中已然荡然无存。

在此之前，2019 年 5 月 23—36 日，欧盟五年一度的欧洲议会选举落下帷幕，左翼阵营的失利以及右翼势力的活跃甚至不需要进行过多预测和分析，唯一令观察者感到意外的是隶属于亲欧党团的绿党（以呼吁保护人类生存环境为目的的绿色运动党团）的异军突起，拉拽着亲欧派与疑欧派的平衡，欧洲政治势力与民意的碎片化和分裂态势跃然于选举结果之上。

2019 年 7 月，我有幸与德国基督教社会联盟的一位同志共进午餐，席间对方以蔬菜沙拉为主菜，拒绝肉类和酒品。他对我讲述了一个极为朴素而感性的政治观点：崇尚素食与简餐的欧洲人更倾向于维系欧洲的统一，并主张善待移民、接纳移民。在他的表述中，这种再寻常不过的饮食习惯却恰如其分地与绿党所推崇的环保、反核、反战以及不应盲目崇拜科学技术的进步性和消费主义的价值观相契合，并在充盈着普世主义关怀的同时，提供着一类朴素的、"佛系"的、遵循着政治正确的美好预期，进而在回避和无奈中与今日欧洲主流政治家的抱负和欧洲的现实图景背道而驰。

在过去的数年间，我们往往可以接受到如下讯息，移民问题（或者说难民）正在使欧洲分裂，不论在思想还是行动上，以"去边界化"为主旨的欧洲一体化进程因大批移民的到来而遭遇"再边界化"的分裂可能，并提醒着欧洲各国似乎已经遗忘或尝试忽略的民族国家模型。与此同时，民众的内心同样在与之相似的欧洲统一性和国家独立性之间左右为难：谁不期待一个自由流通、人人平等的欧洲社会，可谁又愿意接受一个充斥着陌生人与外来者的祖国。

如果说关心移民的福利如实反映出素食主义者式的普世价值，那么控制移民的流动则彰显了"食肉糜"的民族国家管理者必须承担的安全责任，二者共同构成自 21 世纪以来欧洲移民与边界问题的二元化叙事。移民"既处于风险也作为风险"（who are both at risk and a risk），很好地概括了欧洲在边界实践上长期以来的二元性。

受到"9·11"事件的影响，早在 2001 年 10 月，法国便牵头提出应设立"欧洲边境警察"（European border police）统一管理欧洲边界事务。但在当时的欧洲，各国考虑到边境事务仍应属于国家主权的核心事务，所以拒绝设立一个全新的超国家机构进行管理,但是强调需要增强国家之间的合作。2002年5月,欧盟委员会对边界管理明确倡导的理念是,"朝向一种欧盟成员国之间外部边界的整体化管理",其核心始终围绕单独的各个成员国展开。[①]

2002年6月,欧洲理事会又发布了欧盟外部边界管理的行政计划,也就是所谓的"行动计划"(Action Plan),在其中,依然没有谈到设立共同管理机构的问题,只是强调了国家间的协调。可以说,从2001年到2003年,在紧迫的安全形势面前,欧洲尚未采用一种应对新的安全问题的"特殊手段"(extraordinary means)。

但到了2004年,欧盟提出通过一个去中心化的欧洲边界管理体系推动建立"整体性边界安全的泛欧洲模式"(pan-European model of integrated border security)。在这样一种略显滞后的安全化语境之下,富有代表性和争议性的欧洲边境保护局(Frontex,European Border and Coast Guard Agency)正式诞生了。

值得注意的是,欧洲边境保护局很显然并不是为了应对"9·11"事件而产生的及时性产物,而是被官方解释为隶属于正在进行中的欧洲一体化进程的一部分。最直接的证据是该机构的历史在官方的表述中可追溯到1957年的《罗马协定》,即欧洲共同体的诞生,而不是2001年紧迫的安全问题的出现。

---

① Andrew W. Neal, "Securitization and Risk at the EU Border: The Origins of FRONTEX," Journal Common Market Studies, Vol. 47, Issue 2, 2009, pp. 333 – 356.

通过对欧洲边境保护局前期历史的梳理，我们可以发现 20 世纪 50—80 年代可以作为其发展的第一个阶段，即欧洲边界管理一体化进程的开始。第二阶段是以 1985 年法国、德国、卢森堡、比利时与荷兰 5 个国家率先签订《申根协定》为标志，欧洲国家开始真正推进欧洲内部边界的取消。两年之后，《单一欧洲法令》（Single European Act）加速了这一进程，其明确提出欧洲内部市场应该是一个没有内部边界的区域，根据协定的规定，商品、人口、服务和资本应该自由流动。1990 年《申根协定》开始正式实施，在随后的 6 年间，意大利、西班牙、葡萄牙、希腊、澳大利亚、丹麦、芬兰和瑞典先后加入《申根协定》中。1999 年的《阿姆斯特丹条约》之后，申根既有规范正式成为欧盟执政理念和政策的支柱。

直接来看，上述历史呈现了欧洲内部边界消失的历史，但可能的风险也随之而来。一项项应对突发状况而发布的"补偿性措施"（compensatory measures）愈发频繁地出现，根源在于各国始终担心打开欧洲边界的同时如何保障欧洲社会安全的问题。欧洲边境保护局也是在这一理念下作为一种政策尝试出现的。

今天我们去总结欧洲边境保护局的理念，发现其包含三个层级的含义：第一，成员国之间应该在移民和遣返问题上交换信息与合作；第二，合作展开的边界与海关控制应该关注监控、边界检查和风险分析；第三，将非欧盟国家也纳入这一合作框架中。所以，其设计理念不仅在于追求欧盟成员国之间的合作，更在于追求欧盟成员国与非欧盟国家之间的合作，这自然是一个不用争辩的良好方案。

同时，如果说欧洲边界管理的核心是对移民流动进行控制的话，那么欧洲边境保护局无疑已经使得传统的欧洲内部与外部之间的划分不再有效，一个更大区域范畴的、各国所期许的地中海—欧洲出现了。

但时至今日，欧洲边境保护局的定位却始终暧昧不清。原因在于，其作为一个欧洲级别的组织服务于欧盟的边界安全，但是它并不具有直接的决策权，而是辅助各个国家的边界管理机构去行动，所以这也造成欧盟与各个国家在决策和理念上存在张力。欧洲边境保护局所代表的欧洲意志指向的是如何协同发展、预防难民危机，推进欧洲一体化的安全化实践，但有趣的是只有主权国家才有权力决定谁是安全化的对象，并施以安全化措施。

在全球化的大背景下，从长远来看，区域一体化是一个无法否定的必然趋势，这也是为什么欧洲边境保护局被认定为是对欧洲一体化历史的复制和延续，而不是应对紧急状况；但对具体移民对象的安全化与安全措施的实施，却是单个的民族国家承担和完成的。

自此，我们应当意识到，针对欧洲的统一与分裂，政见与民意的左与右在以移民为核心的欧洲边界问题上并不是一个单纯的空间问题，而在一体化与脱欧、内部与外部之间做选择，更可能是一个时间问题，着眼于未来抑或当下。

当英国争吵着如何以一种果断的方式离开欧洲，却试想着将与爱尔兰的硬边界问题拖延到脱欧后的"执行期"；当欧洲各国围绕着难民额度分配问题打得不可开交，却始终维持着欧洲经济体与欧元区的统一时，我们是否可以揣摩到那些素食主义者的哲学：谁不爱好和平？谁不希望一个统一的欧洲？

政策与话语，英国人的脱欧焦虑缘何而来

英国天黑得很晚，尤其是在夏季，甚至晚上 10 点天都没有黑下来，初来乍到的外国人甚至会小心地琢磨着用词，不放心地向本地人询问，"晚上好"是否能够成为一个恰当的时间用语。

大西部铁路穿越着英国西南地区广大的乡村，衔接着海滨，铁路沿线零星地分布着一些不起眼的旅社，旅社的一楼大多设有简易的吧台，忙碌了一天的铁路工人和消防队员甚至来不及脱下制服，便一头扎进旅社，品尝起街角的酒坊酿造的啤酒。旅社一楼的照明总是十分昏暗，与窗外的阳光形成鲜明的对比，人们的声音低沉或高亢，分享着那些永不会终结的话题。

在吧台服务的是一位爱笑的保加利亚姑娘，她喜欢提起自己那个发音拗口、闻所未闻的家乡，并静静地旁听着大家每日的见闻；而负责清扫的立陶宛妹子则会不时地询问初到的客人们是否听说过她那个名字生僻的祖国。

在传统的观感中，英国享誉着与"伟大"有关的一众美名，帝国、雄心以及普世的文明，每一堵石墙、每一条斜街似

乎都在言说大英显耀的统一传统——他独立于欧洲大陆的边缘，屹立于大西洋世界的中心。但在这样的旅社和酒馆里，我们却可以清晰地感知到"两个"英国的存在与汇合：一者是沿袭了英国产业工人时代的典范，本地的、阶级的、操着浓重的英伦口音；一者是自欧洲大陆流动而来的移民，外来的、混杂的、带有五花八门的文化表述。

在全球化与世界主义的感召下，我们在迎来一个个宏大叙事的同时，也迷乱在纷繁的微观现实之中，话语成为建构生活最为重要的介质。

以报纸媒体为主导的公众语料以及以政府公文为主体的政策语料强而有力地影响着人们对世界的判断，不可能被观察彻底的现实生活使得阅读与聆听变得更加重要。在过去 10 年间，"边界的开放"或"开放的边界"已成为英国社会话语表述中极为关键的语义词汇，因而对"开放"不再只有某一单向度的解读。

有观察者在对两种语料体系进行区分的基础之上发现一个值得注意的差别，反映出英国社会在有关开放与安全之关系上的意外趋势。[①]

在政策语料中，即包括上议院、下议院、委员会等官方文本和讨论中，与边界的开放相关联的话语表述的核心则指向安全。

例如，在英国的议会记录中，我们可以读到，"公路运输

---

① Bastian A. Vollmer, "Security or insecurity? Representations of the UK Border in Public and Policy Discourses," Mobilities, Vol. 12, No. 3, 2017, pp. 295 – 310.

是最重要的交通方式，开放欧洲边界并且增加陆路交通会使我们的边界更加脆弱，同时容易让罪犯和恐怖分子突破。"①

或者，"我们接下来讨论具体的走私案件和非法移民的走私问题。目前的重要问题是更加开放的边界可能会对这些走私案件产生哪些影响？在欧盟已经扩大的背景下，为了尽可能减少组织犯罪的侵害，严厉的执法是必须的。"②

在上述语料中，大多数文本表达了与安全领域相关的内容，主要涉及国家在开放边界的情境下于安全上应当做出的防范，其承担者与责任人是相关的边界管理部门，边界依然是一种军事化、防御性的政治存在。

但在公众语料里，以媒体为主力的表述者则侧重于对不安全的描述。

"即使欧盟在其东部边界修建一道墙，在其南部海岸布置舰队巡逻，搜查每一辆到达的车、船，拒签所有持发展中国家签证的人，但移民还是能够通过边界，因为证件可以造假，人可以偷渡，官员可以贿赂。如果开放边界在政治上行不通，那么欧盟应该为来自发展中国家的移民设立一条合法路线，并且通过征收额外的工资税来调节移民的数量。"③

当边界安全势必指向国家安全时，安全的问题在语料转换

① Bastian A. Vollmer, "Security or insecurity? Representations of the UK Border in Public and Policy Discourses," Mobilities, Vol. 12, No. 3, 2017, pp. 295–310.

② Bastian A. Vollmer, "Security or insecurity? Representations of the UK Border in Public and Policy Discourses," Mobilities, Vol. 12, No. 3, 2017, pp. 295–310.

③ Bastian A. Vollmer, "Security or insecurity? Representations of the UK Border in Public and Policy Discourses," Mobilities, Vol. 12, No. 3, 2017, pp. 295–310.

之后变得愈发真实可见，而不是模糊抽象，我们可以形象地将其称作边界与安全的人格化（anthropomorphizing）。相关的话语动摇了人们传统的国家边界观，边界不足以保障国家安全，甚至是"开放的""可渗透的"。军事意味过强、防御性过浓重的政策话语表述反而会助长国家受到攻击和侵犯的意识，移民、难民和避难寻求者不再仅仅是国家安全的负担和对象，更是成为直接威胁到英国社会安全的因素，接踵而至的是人们不由自主的警觉、担忧和恐惧。

紧随其后的是新的话语表述的生成，即对边界"混乱"和"无政府状态"的描写以及话语表述的重心向欧洲大陆以及具体社群迁移。

尽管边界的开放困扰着以英国为代表的欧美国家，国家需要在开放和安全之间寻找平衡，找到切实的办法，但更大的安全隐忧却来自于话语实践。话语制造出的恐惧正在使得英国内部形成冷漠的意识形态（inward-looking ideological），英国人不由得开始敌视欧洲大陆，弘扬排外主义、种族主义、隔离主义等令人嗤之以鼻的政治与社会观念。

不言自明的是，在媒体时代，（本体）安全观念在开放的政治互动之下发生偏移，产生新的形式的安全隐患。在政策层面，国家边界的开放与否事实上并不能成为话语表述的焦点，而是在公众层面，于极度的焦虑和无意识的对抗情绪下衍生出的一种尤为主观的、与不安全相联系的地理情感和空间图景，并且遗憾地被现代社会心理学所证实。国家边界本应具有的完美功能的社会想象破灭了。

早在英国脱欧公投的几个月前，大量的媒体便已开始大肆渲染边界开放所带来的不安全感，最终这也自然地与公投的结果和今日的窘境相吻合，其未必能反映出真实的英国社会，而只是话语表述的产物。

当人们与明媚的"夜晚"彻底告别，各自回到相隔不远却界限分明的街区，蓝领的街区弥散着第一次世界大战时期遗留下的气息，操持着理发业的库尔德人在中东街上准备打烊，伊朗移民开着出租车在街上等候约定的客人，街道的另一侧是中产阶级的高尚社区，宽敞的大宅少不了花园和车库。在这些夜幕降临的午夜，人们不再言说，但话语所刻下的划痕已附着在每一条边界之上。

从精算模式到哨兵模式：
全球公共卫生应对机制的变迁与两难

新冠肺炎疫情的传播让人们意识到隔离对突发性传染病的防控有着多么重要的意义，呆在家里就是给国家做贡献，因此我们看到生活社区的封闭式管理、城乡道路交通的管控、营业性和公共性场所的封锁以及一系列针对人口流动的严格限制。客观来讲，在相对有效地控制疫情蔓延的同时，社会也付出着巨大的生产生活成本，随之必定牵扯出不可避免的社会恐慌和群体焦虑。

现代社会的运行和治理不可能不以人口的自由流动为前提，因而以牺牲流动为代价的"封城式"疫情防控不可不为之，这种做法在表现得"硬核"的同时也显得极其悲壮。现在的问题是，"战时状态"的公共卫生模式从何而来？如何评估它的适用性和有效性？又反映出怎样一种国家治理能力？

现代意义的公共卫生诞生于19世纪初，是国家人口治理的标志性事务。自这一时期起，各国政府开始收集、统计和分析有关人口的各项数据以研究人口的基本特征，例如出生率、死亡率、增长率、结婚率、疾病率等。

尽管未来难以预测，但通过分析与计算历史和现代的人口数据，依然可以整理出某些基本规律，由此作为政府开展治理、应对集体风险和制定相关政策的依据、标准以及重要的合法性来源。在此基础之上，不仅公共卫生，还有早期的就业保障、退休政策、事故预警、灾害防控等事务也伴随着人口政务的发展而相继成熟。

1842 年的英国劳动人口卫生状况的调查报告，是早期英国公共卫生指导政策制定的一项重要依据，其汇总了一年内伦敦各类疾病造成的死亡数据，并明确假设过去的发病模式数据可以给未来可能发生的情况提供具有操作性的专业知识。在报告中，调查者通过数据证明，改善贫困人口的健康状况所带来的经济利益将大于防控疾病而投入的成本；预防疾病发生所负担的支出要小于人们为疾病治疗而不断负担的支出，成本效益计算成为公共卫生的重要基础。

19 世纪的 40 年代，这类用生命数据来测算疾病风险的方法开始在欧洲社会普及，出现"生命表"（life table）、"生物计"（biometer）、"疾病表"（sickness table）等工具，基于事件发生的历史数据而对未来概率进行理性计算，发展出公共卫生的"精算模式"（actuarial device）。

尽管对个体而言，出生和死亡看似是偶然的生命现象，但却在集体层面表现出一致性。例如，基于 19 世纪 20 年代的人口普查数据以及跟踪一组同一时间段出生的婴儿，就可以判断出 19 世纪 40 年代出生的所有儿童的平均寿命；基于 1832 年巴黎霍乱期间的死亡数据，就能分析出住房条件对死亡率的直接影响；基于 1848 年伦敦霍乱期间的疾病数据，有学者研究出居住地海拔与死于霍乱的风险联系。

到了 19 世纪中期，欧洲的公共卫生事务已经广泛融合医学、经济学、社会学、环境科学等多种学科，真正成为围绕社会的"精算"。政府应当像"精算师"一样通过统计和公布人口的疾病与健康数据开展国家治理，因而贫困、阶级、民族等社会性议题也随着公共卫生进入政治语境，人们逐渐意识到死亡不单纯来源于生理病变，更是一种社会疾病。

自 19 世纪起，精算模式已成为今天公共卫生和国家治理的主流方式，通过数据计算来预防和管理风险。该模式的一个重要假设是，规划者可以通过对过去的计算来预测未来的可能性；基于这种可能性，政府得以进行政策普及并合理化，包括我们熟知的疫苗接种、管理水源以防治血吸虫病，以及在特殊的时空条件下对儿童和老人的专门看护等。

很显然，精算模式在相当长的时间内被认为是无懈可击的，失败的案例往往可以归结于精算模式的缺省或废弛，但到了 20 世纪后期，一系列不可预测的突发性疾病相继暴发，带来灾难性结果，改变了公共卫生的精算叙事。

以 20 世纪 80 年代出现的艾滋病危机为起点，传统的基于详细的人口统计与流行病学研究的精算模式不仅无法提供完整的专业知识和预测，甚至未能做出反应。

正是在接连遭遇艾滋病、埃博拉病毒、西尼罗河病毒、耐药性肺结核、非典等全球性公共卫生危机的过程中，一种强调警惕性和不可预测的公共卫生手段被奉为准则，被命名为"哨兵模式"（sentinel device）。

与精算模式相反，哨兵模式假设未来是不可知的，面对突发性的风险必须立即采取行动阻断事件的发生，而不是考虑成本效益计算。

这些风险在早期往往是突然的和不可预测的，最初可能是人类都无法察觉到的，指向此前未知的病原体或其他生物种群，因此也不认为存在所谓的数据积累和计算空间，以往预测未来的国家"精算师"甚至有可能不是最早发现风险、做出预判的主体。

但也因如此，哨兵模式更多地停留在提醒重大事件的发生，而不强调也不具有对未来工作的指导意见，通常只会与广泛的警报或警戒系统相整合，随之作为一种极端的官僚技术手段与单方面的政策干预相绑定，进而触发一系列紧急性协定、无差别禁令和应急措施的生效。

例如，世界卫生组织对国际公共卫生紧急事件（Public Health Emergency of International Concern，简称 PHEIC）的宣布就是典型的哨兵模式与应急决策工具的相互锚定，并非基于历史数据和人口规律的精算，而是在对未来不确定的情况下对技术官僚进行高级别授权，但并不负责提供专业性的操作指南。

在某些情况下，哨兵模式同样可能带来其他的风险。

2009 年 4 月，墨西哥发现数十例甲型流感病毒感染，并传播至美国，很快便遵从公共卫生的哨兵模式，被世界卫生组织定性为国防公共卫生紧急事件。随后，欧美各国迅速启动应急性的全国性流行病防治计划（包括大规模的疫苗接种运动），这也意味着触发了与国际制药公司的提前购买协议，以便及时获得大量的疫苗，并开展全民接种运动。

最终，在没有获知甲流病毒的危害性、发病率和传染性数据的情况下，各国政府已经做出行动。美国政府花费 16 亿美元购买了 2 亿多支疫苗，而法国花费 5 亿欧元进行疾病防控。但随着 2009 年秋季流感病毒浪潮的消散，病毒比想象中的温和许多，尤其是在欧洲，法国、英国和德国等国都不得不重新与制药公司签订协议，将过剩的疫苗低价销售给一些发展中国家。

不难想象，公众的质疑声迅速在欧洲范围内兴起，法国在 2009 年甲流病毒防控中所进行的支出超过法国全部医院的赤字，是治疗癌症支出的 3 倍，但最终却也只为 10% 的人口接种了疫苗，公共卫生资源分配不均、制药企业的暴利、公权力的滥用等问题在疫情之后成为"众矢之的"。在批评者的表述中，人们在讨论为什么稀缺的公共卫生资源和公共财政支出会浪费在比季节性流感更不危险的疾病上？应对世界末日式的最坏打算是否一定正确？商业力量在多大程度上影响着公共卫生事务？

诚然，随着人类对自然的大范围侵入、全球流动的普遍发生以及由此带来的不确定性，人类在当代遭受的疾病风险远超以往任何一个时代，哨兵模式正是在这一语境下于公共卫生领域呈现出不断扩散的趋势。

但真正促使哨兵模式受到推崇的原因不仅是在应对新疾病面前薄弱的数据支撑和无能为力。事实上，我们本来有机会建立起一种相对可靠的精算模式。

早在 20 世纪 70 年代防治天花的公共卫生运动中，便有主要参与者提出应当建立一个针对流行病的全球性监测系统和实验室网络，实时监测疾病的发病率、分布率以及其他相关数据，从而为新出现的未知疾病提供预警基础和防控路径。

遗憾的是，在随后的几十年间，全球性监测系统建设的最大障碍来自于主权国家，各国不愿公开疾病暴发的数据，担心影响到贸易和旅游业，甚至在一国之内这样的信息公开也是滞后或不透明的，精算既是一种治理能力，却也被当作政府的一种治理权力。

与此同时，许多新的疾病发生也并非在应对上毫无数据依循，例如上文提到的 2009 年美墨甲流期间紧急启动的国家流行病防治计划正是基于 2005 年甲型 H5N1 流感病毒的数据精算设计的，而疫苗的迅速研发同样在此基础之上完成。2009 年以后，一度被认为危害性较低的甲流进一步肆虐欧美，却不再有 2009 年的末日恐慌。

面对新的未知疾病，人类可以没有自信战而胜之，但却并不意味着我们将束手无策。全球流动的深入与复杂化是一次次新疾病变得前所未有的可怕的根本原因，在习惯了可预知的精算模式一个半世纪以后，我们当然需要在无法预测的疾病暴发初期吹响迅速且必要的哨声，以极化的方式将疾病与健康对立。在此之后，还要重建对于数据的信心，重建公共卫生的精算模式，重建常态化的生产生活秩序，重建国家治理体系，如此才是自由流动时代人类隔离病毒与恐慌的必由之路。

抛开传统认知看现实，
如何看待巴以和解的"两国方案"

    2018 年 5 月 14 日，适逢以色列建国七十周年，美国政府正式将驻以色列大使馆从特拉维夫迁往耶路撒冷，为以色列建国送上一份"贺礼"；同年 9 月 26 日，美国总统特朗普在纽约会见以色列总理内塔尼亚胡时谈到支持以"两国方案"（two states for two people）的形式解决持续已久的巴以问题，并表示将在大约 4 个月后，也就是 2019 年 1 月，公开由其女婿库什纳主持的两国"和平方案"，不过时至今日，该方案公布日期远未确定，而欧盟八国 2018 年 4 月发出警告称任何基于"两国方案"形式的协议都注定失败。

    所谓的"两国方案"，指的是通过建立两个民族国家最终解决巴以问题，其具体目标是，通过国际协商的手段，基于族群、信仰以及政治传统在当前以色列和巴勒斯坦所在的地理范围内重新划定领土与边界，从而分别建立一个犹太民族国家与一个阿拉伯民族国家。这一意图可以追溯到 1947 年联合国有关巴以分治的 181 号决议以及后续的一系列政治实践，尤其是随着 2002 年巴以"隔离墙"的修建、2011 年巴勒斯坦成为联合国教科文组织的成员单位以及次年列入联合国的观察员国，"两国方案"的实施进程似乎有条不紊，通过"两国方案"来解决巴以冲突也成了知识界一个看似长期的认识判断。

但如若从当代历史、地缘政治以及日常现状等多个方面考察，"两国方案"的实现却并不乐观，并且有可能带来新的风险。

图10　耶路撒冷老城俯瞰

资料来源：作者拍摄。

一、"两个国家"概念和认知的产生

1993年第一次《奥斯陆协议》将约旦河西岸视为独立领土，尽管并没有在国际社会获得广泛而坚定的承认，但却促成巴勒斯坦未来将以约旦西岸地区为基础建立独立巴勒斯坦国的普遍认知。不过，据巴以问题研究权威专家大卫·纽曼（David Newman）的分析，这一始于以色列建国前夕的认知在相当长的时间内却是极为抽象甚至偏离实际的，因为鉴于近东地区漫长的帝国传统，该地区的广大民众长期接受并习惯于整个区域由一方单独统治而非共享。

对多数生活在以色列的犹太人而言，接受两个民族、两个国家的概念是相对新近的产物，并且未必具有可行性。在观念层面，直到 20 世纪 80 年代巴勒斯坦第一次大起义（Intifada）之后，以色列人才渐渐感受到巴勒斯坦人建立自己国家的愿望，然后族群与领土分离的讨论不可避免地进入以色列的公共话语中。而在现实层面，真正令犹太人担忧的是以色列在人口上被巴勒斯坦人迅速提升的数量优势所淹没。因此，如果支持其建立独立的巴勒斯坦国可以避免此类危机，那么这可以成为一个值得付出的"代价"。与此同时，基于以色列的立国初衷以及政治、司法体系，保持犹太国家的独一性与整体性是其始终追求的终极目标，当人们意识到政府对约旦河西岸地区和加沙地带的持续占领或并入可能威胁到犹太人长期的人口优势时，犹太社会内部对领土分离的支持开始潜移默化地提升。犹太人对自身国家与国民安全的担忧将成为我们理解巴以关系和巴以问题的另一个出发点。

而对巴勒斯坦人而言，接受以约旦河西岸地区为领土基础的立国方案，看似符合他们一直以来的建国愿景。但同样忽略了的是，领土概念包含有形与无形维度，或者说地缘与象征层面。接受方案意味着接受一种"整体性"的政治安排，其潜在的含义同样指向放弃这一"整体性"以外的内容。具体而言，接受上述民族国家方案代表着将放弃巴勒斯坦人回归沿海地区的权利、超过2/3的"领土"以及作为圣地的耶路撒冷。如果从这个视角入手，建国似乎更符合犹太人的想法而不是阿拉伯人。这也是为什么在众多政治协商中，第一次中东战争后的"绿线"始终会成为阿拉伯方面更为青睐的界线。

二、隔离墙：以色列的生命政治技术

20世纪90年代中后期，以色列便以安全为名计划修建隔离墙，并且自第一次《奥斯陆协议》以后，约旦河西岸地区并没有向"整体性"的巴勒斯坦国靠近，而是被划分为A区、B区与C区，分别代表着巴勒斯坦控制区、以色列行政管理区和以色列控制区，以色列和巴勒斯坦两大政治主体在不同的分区中享有和施行不同程度的管辖权。只有在这个语境下，我们才能更好地理解隔离墙以及定居点修建的意义。

在传统的地缘政治研究中，学者们通常认为隔离墙是为了切割领土和族群，但若从政治技术的视角来观察，隔离墙是一种有关人口治理的"墙的技术"，具有生命政治意涵（注："生命政治"概念源自法国政治哲学家米歇尔·福柯的论述，具体指向对人口的培育，而非单纯的领土）。隔离墙并不单纯依靠以色列的军事力量而维系，却是民事力量进驻的平台，因为分区的划分是行政意义上的而非单纯的军事控制。在领土空间维度，隔离墙从来不是一条用于分隔巴以的线段，而是希望使得巴勒斯坦社会变得"曲曲折折"（zigzag），服务于以色列的空间治理体系。隔离墙与定居点、道路，尤其是边界上的检查点（checkpoint）相组合，其辐射的空间范围超过了40%的西岸地区领土，不仅没有分隔开以色列和巴勒斯坦社会，反而使后者愈发依附于前者的行政管理与生命政治体系。

据2017年的统计，巴以边界上的固定检查点已达到98个，并且逐渐发展为设施完备的大型过境站点，这在巴以狭小的空间范围内是一个惊人的数字。以伯利恒附近的吉洛（Gilo）检查点为例，每天需要通过检查点进入以色列境内的巴勒斯坦人数量可达到15000人，其中包括4000—7000名男性劳工。因而，我们不难看出隔离墙所代表的人口流动制度使得巴勒斯坦人的日常生活完全由以色列的时空管理所支配，进而实现群体的分类、巴勒斯坦人身份的再生产、廉价劳动力的获取、生命政治意义上的群体规训等多重治理目标。反过来，通过检查点已经成为一种典型且普遍的"巴勒斯坦人经验"，他们也习惯利用隔离墙带来的政治经济差异，存续自身的社会乃至从中取利，衍生出"检查点经济""跨界贸易"等多种"在边界上"（注：阿拉伯语拉丁字母转写为 ala l-huduud）的日常生活形态。因此，我们有理由相信隔离墙所指涉的安全和防御，其实正在让巴勒斯坦人与以色列愈发变成一个整体，而不是两方。

三、日益频繁的跨界流动与"合作"

1981 年，以色列立法宣布耶路撒冷为永远不可分割的首都。1988 年，巴勒斯坦在阿尔及利亚召开的"全国大会"上宣布"建国"。自 20 世纪 80 年代起，我们看到的似乎是两个国家的浮现与渐行渐远，但另一个不可忽略的社会事实是，巴以之间的跨界流动日益频繁，大量的巴勒斯坦人争先恐后地进入耶路撒冷以及以色列的沿海腹地。这背后包含着深刻的政治经济因素，要知道巴以之间的生活水平，尤其是收入水平差异可以大至 5 倍乃至更多，更不论教育、医疗等现实需求，以色列是巴勒斯坦人不可忽视的目的地。

自 1948 年以色列建国，1967 年第三次中东战争后以色列控制了整个耶路撒冷，巴勒斯坦人被迫或主动离开以色列，但巴勒斯坦人一直以"离散者"的身份主张回归的权利却是另一条主线。这并不意味着巴勒斯坦人喜欢或者承认以色列，而是说明在政治经济的大背景下，个人的能动性和主体性同样起到很大的作用，影响着个体和家庭的选择。尤其是，合法居住在以色列的巴勒斯坦人口已经超过以色列全国人口的 20%，而在耶路撒冷等边境城市这一数字可以高达 1/3，这些在以色列被视为"二等公民"（不允许服兵役）的以色列巴勒斯坦人并不希望回到西岸地区等看似属于巴勒斯坦领土的区域，而是以"第三国家"的现状存在于巴以边界，利用身份的优势往返于两侧，将巴以边界变成一个"互动空间"。而隔离墙的修建在一定程度上也是为了将这一具有巴勒斯坦人主体性的"互动空间"还原为以色列可操控的"例外空间"，将以色列巴勒斯坦人从广义的巴勒斯坦人群体中剥离，却包含在以色列具有排斥性的人口治理体系之中，即生命政治意义上的"包含性排斥"。从这个角度，我们同样可以证明隔离墙的修建从来不是为了区隔巴以社会，而是奠定了以色列整体性的社会治理；也只有在此意义上，才能逐步消减犹太人对人口优势地位下降的担忧。

如今，巴勒斯坦人更广泛地参与到以色列的公共建设和第三产业之中，尽管他们往往被定义在处于被剥削、压制和歧视的情景下，但接受了生命政治规训的巴勒斯坦人仍然更倾向于被纳入而不是排除在以色列的管辖之外，例如在高等院校的选取、工作地点的选择、生计方式的开展等方面。同时，在基础设施层面，自1967年以来，西岸地区的自来水系统逐步由以色列方面完成，覆盖了超过90%的巴勒斯坦人聚居区；与此相似的还包括道路和公交系统、边界管理等方面，甚至隔离墙修建所需的大量劳动力同样以巴勒斯坦人为主体。这其中的原因既包括以色列在政治经济上的优势地位，也包括巴勒斯坦人对本方政治主体的不信任。也就是说，巴勒斯坦人暂时没有想到或找到比以色列更有效的管理主体，从而在现实生活层面，巴以关系呈现出一种"合作"的状态。

综上所述，我并不是要强调当前巴以关系的合法性或合理性，而是希望呈现出一个事实，即现实层面的巴以关系比我们想象中的要复杂，并不能用地缘政治定义下的"巴以冲突"进行简单概括。如果贸然推行"两国方案",其所引发的人道主义危机可能比维持现状更为严重,不论"一国方案"是否可能,但现实生活中的巴以社会愈发趋向于"整体"却是我们无法忽略的基础事实。

犹太国家中心阿拉伯要素——
从以色列大选看主权国家观

　　长期以来，阿拉伯人在以色列的国家政治以及社会经济方面处于边缘位置，但至少埋下一个重要的伏笔：即便以民族国家理想型为建设目标的以色列也很难成为一个纯粹的犹太民族国家。自 1948 年建国，以色列便面临一个无法忽视的事实，即阿拉伯人口的占比超过 20%，并在长期的民族国家建构历程中转变成该国国民的重要组成部分。从 20 世纪 70 年代起，伴随着耶路撒冷在 1967 年的"统一"，"以色列巴勒斯坦人"也成为以色列阿拉伯人最主要的自我表述方式以及以色列国家无法忽视的政治命题。

　　2019 年在以色列政党政治历史上注定是特别的一年，5 月 29 日，时任总理内塔尼亚胡领导的利库德集团组阁失败，成立不到两个月的议会宣布解散，投票决定于 9 月 17 日进行重选，一年中进行两次议会选举在以色列历史上尚属首次，内塔尼亚胡第五任总理任期迟迟未能顺利开启。

　　而第二次选举结果依然指向一种晦暗不明的前景，尤其是在 9 月 23 日，获得 13 个议会席位的阿拉伯政党联盟"共同名单"（Arab Joint List）明确表示将站在内塔尼亚胡的对立面，支持"蓝白党"领袖本尼·甘茨（Benjamin Gantz），这将使得甘茨所领导的中左派党派阵营（57 席）以 1 个议席的优势领先内塔尼亚胡的右派阵营（56 席），但均无法达到 61 席（总共 120 席，组阁需要超过议席的半数）的法定组阁标准。长期处于边缘而不得不维持中立的阿拉伯政党自 1992 年推举伊扎克·拉宾成为总理候选人后再次插足以色列最高国家政治。

当下这一窘境不仅反映出以色列特有的党派政治，同时指引我们对主权国家进行重新思考。

以色列保持着一种西方多党制民主国家体制为基础的民族国家建构方式，很难说民主国家与民族国家势必构成冲突，但至少在理念层面，追求多元主义与普遍权利的民主国家观与以民族主义和民族利益为依托的民族国家观存在张力。反映在现实层面则表现为，中小党派林立的议会选举与联合政府却包裹在"以犹太民族及国家为核心"的基本法框架之内。

"一个高度分裂的社会"（a deeply divided society）已经取代"中东地区最民主的国家"成为对以色列的首要认知。

在以往的观察中，以色列内部至少存在 4 对矛盾：犹太民族与阿拉伯民族、宗派团体与世俗团体、鹰派与鸽派、欧美犹太移民与东方犹太移民。而对 4 对看似互不相干的矛盾范畴又均指向对主权国家的不同理解，体现在历次党派政治之中。

1995 年 11 月 4 日，时任以色列总理拉宾的遇刺奠定了整个 20 世纪 90 年代以后愈演愈烈的巴以历史基调，1995 年诺贝尔和平奖的获得不仅没能开启一段值得期待的巴以和谈进程，反而葬送了他的生命。拉宾遇刺的始作俑者是激进的右翼犹太主义分子，尽管拉宾在巴勒斯坦建国（不同意巴勒斯坦人以西岸和加沙地区为基础建国）和耶路撒冷定都问题（保持以色列治下的统一与不可分割）上绝不松口，但其以"土地换和平"为标志的政治和谈立场依然被犹太右翼社团视为软弱的"卖国"行为。

以内塔尼亚胡为核心的犹太右派阵营也是在此之后主导了以色列的政治走向。内塔尼亚胡领导的阵营也可以总结为一类以犹太复国主义和犹太人至上为宗旨的党派阵营（内部各党派强调的程度不同），重视犹太人的历史身份和神圣使命，拒绝与阿拉伯人进行合作并强硬地予以压制是其最外显的特征。1996 年，"哈马斯"放弃在自治区内谋求政治斗争而重拾武装斗争的老路也是在这一背景下展开的。

内塔尼亚胡的政治理念以以色列国家安全为中心，以宗派性的犹太复国主义为标志，在主权国家的认知上以领土为优先，忠实于"主权—领土—人口"三位一体的实体国家观念，这也是为什么其在多个场合都将划并巴勒斯坦所属的西岸地区领土作为最重要的政治口号，不论以色列所应秉承的国家性还是犹太性，都应以领土性作为基础。

而在国际层面，以美国为代表的、能够帮助推进此类主权国家建设的西方国家方案，例如"两国方案"和"世纪协定"成为内塔尼亚胡重要的政治资源。全球性的资本主义体系应当服从并服务于主权国家在领土上的诉求，对公民与社会的管理（国家建设同样应当重视的义务和内容）也应当以领土控制为前提条件。

但在中左派阵营的支持者看来，主权国家的独立与统一固然重要，但焦点并不在于领土的统一，而是国民的统一。

在我旅居以色列的数年间，对以色列民众而言最直接的困境有二：其一来自阿拉伯国家和社会的安全威胁，因此以色列政府在军事和安保上的投入十分巨大，也造就以色列领先全球的安防工业，大批运用于机场、监狱和社区的安防科技遍布全世界；其二是高昂的生活成本、惊人的交通成本和物价困扰着广大中产阶级和底层民众，这也是在以色列绝少见到耗油量较大的私家车，而常见耗油量较少的日系二手车的原因。

因此，在第二次选举期间，针对中左派的民意调查，选民们更重视平抑物价、提高就业、男女平等乃至环境保护等与日常生活息息相关的偏向世俗主义的竞选内容；且在党派竞争中拒绝与犹太正统教派党团合作，因为后者秉承着犹太正统派人士不服兵役、不工作、不纳税的宗教原则，坚持维持着他们的超公民待遇。而针对阿拉伯党团的态度则更多地表现为不支持、不反对，如果国家政府需要与阿拉伯政党合作才能组阁，但如果可以实现国家建设的目标，那又未尝不可呢？

中左派阵营的政治理念强烈地体现出主权国家的另一种观念，即不以领土为目标（并不意味着放弃），而以社会生活为核心。在传统的国家研究中，将国家看成领土性的、独立分隔的、权力均质的、官僚制的实体是一种经典的路径，但在全球化的推动下，国家本身出现重大变化，一系列跨界流动和权力外包现象的发生伴随着一众超国家、次国家、非国家行为体的加入，改变着国家的面貌，国家不再能维持实体的初衷，而是在以治理为目标的引导下转向去领土化的、边界弥散的、权力组装的、不断建构的虚体。

最终，阿拉伯政党的政治理念反而更接近当下的理想的主权国家建设。"我和我的同事们做出这一决定（支持甘茨出任总理），并不是赞同甘茨先生以及他对于国家的政策建议。我们知道，甘茨先生拒绝承诺我们对"共同的未来"（a shared future）的合法政治要求，因此我们不会加入他的政府。""共同名单"领导人艾曼·欧德（Ayman Odeh）表示。自此，我们也许将看到一个由阿拉伯政党支持的，但不出现于联合政府之中的以色列国家政府，但也将在旧的伏笔之上埋下一个新的伏笔。

从定居点看以色列的建国思路：
从军事转向市政

2019 年 4 月 12 日，以色列议会选举结果出炉，69 岁的内塔尼亚胡将顺利开启个人的第五个任期，其所在的右翼阵营赢得议会 120 个席位中的 65 席，他也因此超过开国总理戴维·本-古里安（David Ben-Gurion），成为以色列历史上任期最长的总理。在竞选前夕，内塔尼亚胡公开表态"我将扩展（以色列的）主权，并且不会区分连片的定居点和零散的定居点……从我的角度来看，以色列任何一处定居点，作为政府，我们都对其负有责任"。这一番言论无疑起到助选的作用，以色列在巴勒斯坦被占领土上的定居点建设似乎彰显了以色列的国力与雄心。

长期以来，人们对犹太人定居点存在两种固化的认知：第一，以色列的定居点建设主要开始于 1967 年第三次中东战争以后，目的是侵占巴勒斯坦人的土地；第二，定居点建设是以色列一项有条不紊的军事—政治行动，因此定居点也被看作一类半封闭、准军事的犹太人社区。

不过，从我自己的见闻和经历来看，现实远比这两种认知要复杂得多。

初到以色列的时候，我住在东耶路撒冷的巴勒斯坦人社区之内。一天傍晚，16岁的亚辛和他的约旦朋友突然跑到我临时居住的酒店房间，说想带朋友看一看犹太人在定居点里干什么，我这才意外地发现，原来距离酒店不远的房屋正是一处定居点，从酒店的阳台可以清楚地看见他们的日常起居，当晚我甚至和他们一起数了数对面用餐的人数。在此之后，我慢慢发现自己所在的东耶路撒冷到处是定居点，这些房屋嵌入巴勒斯坦人的社区之内，与周遭的街区毫无违和感，只不过房顶上统一插着巨大的以色列国旗，以此作为辨认标志。

图11 位于耶路撒冷橄榄山上的犹太人定居点

资料来源：作者拍摄。

这个三层小楼其貌不扬，门口常有阿拉伯的孩子们在玩耍，楼顶上插着以色列的国旗。2006 年，一位从事汽车销售的阿拉伯商人向房屋的主人出资购买了这栋山顶小楼以做会客之用，房屋成交之后却通过律师转手卖给以色列政府，政府随即对其进行装修，派驻安保人员，改建为定居点。尽管本地的阿拉伯家族试图阻碍这一行动，房屋原先的主人甚至遭到暗杀，但在合法的房产证书和交易合同面前他们却无能为力，橄榄山上由此出现第一个定居点。

由此可见，定居点的主权确认和实践远比人们想象中的复杂，毫不讳言，定居点的故事贯穿着以色列的"建国神话"。

犹太人在巴勒斯坦地区修建定居点的历史比想象中的早得多，最早可以追溯到 19 世纪末。1882 年 7 月，一批犹太移民在地中海边的雅法城以南 8 公里处建立一个名为"里雄莱锡安"的农业定居点，意为"圣地中的第一个"。这一定居点的开拓者和赞助者来自欧洲大名鼎鼎的罗斯柴尔德家族。以色列众多著名的城市皆由早期的定居点发展而成，例如今天的第四大城市里雄莱锡安和第二大城市特拉维夫。

当时定居点建设的方式主要依托于从本地阿拉伯人手中购买土地，进而进行农业拓荒，19 世纪末到 20 世纪初，大批犹太移民凭借以"基布兹"为代表的集体主义社会生产模式在地中海东岸兴建大量定居点，并培养出半军事化的劳动军，逐步向东扩进。以色列开国总理本-古里安同样是在这一浪潮下于 1909 年来到本地区。

1947 年，联合国通过第 181 号决议，即《巴以分治决议》，计划在本地区建立一个"犹太国家"和一个"阿拉伯国家"，其中"犹太国家"的领土雏形正是建基于当时的定居点之上，即随后的以色列，定居点也首次被赋予国家主权的意义。

以色列建国之后，数次中东战争的结果无疑使得以色列进一步扩大自身的地缘政治优势。作为一个特殊的无宪法（只有基本法）、无明确边界（以色列不愿与周边国家划定）的民族国家，以色列试图吞并周边更多的领土，尤其是在 1967 年第三次中东战争之后，其侵占了埃及的西奈半岛、叙利亚的戈兰高地以及属于巴勒斯坦的加沙地区和西岸地区，并开始在这些被占领土上修建定居点。

在这一时期，以色列的定居点建设首先依托于强大的军事实力，但受制于国际社会的巨大压力以及有限的"消化"能力，尽管其胃口始终无法得到满足，但也不得不于 1982 年退出位于西奈半岛的 18 个定居点，并在巴以和平进程的影响下，于 2005 年退出位于加沙地区的全部 21 个定居点。

看似放缓的定居点建设进程实际上潜伏着一条暗线，以色列的建国思路已逐渐从军事转为市政。早期的定居点建设具有极为浓厚的开拓意涵，它们的建设广泛受到犹太复国主义基金会的支持，并隶属于农业部门，建设的目的是希望将其作为被占领土的前哨站，因而多选址在山丘等战略要地之上，逐步发展出连片的社区，服务于国家的军事战略。

但在 20 世纪 80 年代以后，成熟并日益扩大的市政体系足以将定居点纳入其中，并给予以色列强大的信心继续推进定居点建设，东耶路撒冷及邻近的西岸地区成了扩张的重点。定居点也由此作为一个个住宅单元的建设项目，等待着批准、审核与验收，住房（house）而不是定居点（settlement）的字样开始为人们所熟知。

正是因为军事力量被置于市政权利之下，橄榄山第一处定居点建成后，政府将其定位为出租房，方便低收入的犹太居民入住，由于生活需要，这些租户甚至必须与周围的阿拉伯邻居来往。

易卜拉欣是一位住在东耶路撒冷橄榄山地定居点对面的阿拉伯男子，他曾对我说，有些租户还是不错的，他们会到阿拉伯人的婚礼上送礼物，偶尔也会邀请阿拉伯朋友到家做客。为了证明自己所言不虚，他拉着我到了定居点门口，告诉楼下的安保人员我们想去拜访屋内的某某朋友，安保人员帮忙按了一下门铃，可惜当日没人在家。

在此前的故事中敲响我房门的亚辛，他的父亲曾为另一处大型定居点装修过房屋，过程极为一致，房屋原属于阿拉伯人，后来经过交易变成犹太人的定居点。亚辛的父亲至今仍在从事与定居点居民相关的装修行业，我曾随他到访过一处西岸地区的定居点测量一户犹太人家橱柜的尺寸，回来的路上我问他，为定居点装修房屋会不会令他感到难堪。他对我说，这些都是生意，而且犹太客户的付款更加稳定。

在上述故事中，定居点建设不再是单纯地通过军事暴力完成，一种在现代性维度上更具合法性的司法管理已经替代直接的身体暴力，但这反而进一步确立了以色列统治的有效性。在此过程中，以色列从未获得过巴勒斯坦地区的主权，暴力也并没有完全消除，而是一种依据法律契约和政治技术实现的暴力，基于这一线索，以色列对巴勒斯坦人的歧视和排挤变得更为隐晦——当10000套定居点住房的建筑许可通过时，同时期只有不到1%的阿拉伯住房建筑申请能够获批。

当我们重新反观内塔尼亚胡进行的对定居点的主权宣誓时，发现它表面上是针对领土的、有计划的军事—政治行动，但当我们试想出依照此主权模式而产生的碎片化的国家地图，就不难看到在这一图景之下那些偶然的、非计划的社会互动过程。简而言之，主权不再是以色列国家建设的前提，即拥有完整的领土主权才能施以建设，反而成为国家建设的内容，即主权转变为以色列生命政治实践的结果。

2019年4月10日，阿拉伯评论员曾无奈地写道：对巴勒斯坦人而言，谁赢了以色列大选都无所谓！正如我们对于定居点的观察，聚焦政治家们的言论可能并没有太多的价值，其从前往后的过程已经交代了答案。

多色身份证与巴勒斯坦人的
"另一种生活"

阿卜杜拉经营着一家位于耶路撒冷老城附近的中餐饭馆，他是一位非常固执的阿拉伯老人，但为了一对双目失明的儿子，不得不做起极不擅长的营生，他总是认为天底下的酱油都是一个味儿的，而中国人就喜欢吃特别特别辣的东西。每天一早他都会开着自家的小轿车从伯利恒附近的小镇来耶路撒冷开店。我有幸参加了他大儿子的婚礼，但很意外地发现，在男性主导的阿拉伯社会，他们的婚礼却是在西岸地区的女方家举办的。我问他，为什么不在耶路撒冷举行？他说，因为很多亲友过不来，他们没有证件，也是在这时我才发现，原来巴勒斯坦人拿着不一样的身份证。

人们所熟知的巴勒斯坦事实上并不是一块完整的土地，在领土意义上，巴勒斯坦被分成互不接壤的西岸地区和加沙地区两块地方，这也使得在人口意义上，巴勒斯坦人被分为居住在以色列境内、西岸地区和加沙地区的三类居民，统一由以色列管理（巴勒斯坦目前只被定义为自治区）。

通常情况下，以色列的巴勒斯坦人拿着蓝色本的身份证件，可以在巴以两侧相对自由地通勤；而后两个地区的居民则根据不同的居住地和时间拿着橙色本或绿色本的身份证件，甚至没有身份证，他们需要经过必要的申请才能获准进入以色列。持有不同身份证件的巴勒斯坦人需使用不同的通道，不同通道的通关过程，花费的时间不同。

伯利恒紧挨着耶路撒冷，半个小时的公交车程便能到达，但一位西岸地区的巴勒斯坦人即便拥有合法的入境许可，从伯利恒一侧进入耶路撒冷一侧却也有可能花费数小时，位于交界处的第 300 号检查点也成为本地最繁忙的通勤枢纽。每天凌晨 4 点开始，便有大批巴勒斯坦人排着长队聚集在检查点内外，等待进入以色列。我原本以为这是以色列出于国家安全的理由自建国以来长期执行的一项边界政策，后来才发现在 20 世纪 90 年代以前，巴勒斯坦人在以色列边界地区的流动基本上不受约束，人们出于个人原因希望进入以色列时通常不会受到过多限制。

这一情况在 20 世纪 90 年代初发生巨大的改变，随着 1988 年巴勒斯坦宣布"建国"，以色列政府兴建了一大批检查点，它们不仅出现在巴以的边界地区，更是深入西岸地区内部，成为保障犹太人定居点以及推动隔离墙修建的基础，进而形成一套由检查点、围栏、定居点、环路、路障和军事区共同组成的隔离墙体系，覆盖西岸地区 40% 的领土范围，被形容为"占领的建筑学"（architecture of occupation）。

在这一体系下，巴勒斯坦人的流动才开始成为以色列国家建设的一大问题，他们的流动受到严格控制，不仅难以进入以色列，甚至无法在西岸地区内部自由移动。

但是，随着巴以两地发展状况愈发不平衡，以色列对劳动力的需求旺盛，加之两侧收入差距日益加剧，大批巴勒斯坦人相继涌入以色列务工，大量优质的教育、医疗条件更是吸引着巴勒斯坦人。纯粹基于安全和隔离的边界管理政策已经不适用于现实情况，于是以色列防卫部队在 2003 年正式开启另一项边界管理项目，并别出心裁地将其命名为"另一种生活"（Another Life）[1]。

该项目最初的设计带有"人道主义"的内涵，其目的是在巴勒斯坦被占领土上减少对巴勒斯坦人生活的危害，避免人道主义危机的发生，进而提供人们必要的食物和公共服务，其核心在于建设新式的、永久的且位于边界的检查点，减少或取代西岸地区内部的检查点，推进对巴勒斯坦人治理的文明化，赋予其日常流动的权利。

但项目的最终推进却朝着意想不到的方向发展，西岸内部的检查点不仅没有减少，反而增加。据 2017 年的统计数据显示，以色列的检查点已增长至 98 个，其中 59 个检查点位于西岸地区内部，而 2005 年该地区只有 53 个。边界上的检查点则逐步发展为国际边界通勤枢纽，即类似于机场的中转站。这些通勤枢纽不直接由军队管控，而是交由安保公司管理。

---

① Alexandra Rijke and Claudio Minca, "Inside Checkpoint 300: Checkpoint Regimes as Spatial Political Technologies in the Occupied Palestinian Territories," Antipode, Vol. 51, No. 3, 2019, pp. 968 – 988.

这些检查点日常非常繁忙，仅以第 300 号检查点为例，每天从西岸一侧通往以色列一侧的巴勒斯坦人高达 15000 名，而且多数为男性劳工。女性更多选择在家从事家务劳动，同时检查点男女混合通行、性别无差的通道设计（因为穆斯林社会有着相对严格的性别交往禁忌）也是限制其出入境的一大因素。

在法律上，根据以色列国家规定，西岸的巴勒斯坦男性必须年满 30 岁、已婚，并且至少有一个孩子才有资格获得 8 小时的入境许可证，这使得巴勒斯坦人日常生活中最为亲密的家庭空间同样被笼罩在检查点效应之下，进而构成巴勒斯坦人普遍共享的典型经验。

检查点通关时间漫长，不仅是因为人流拥挤，更是因为通关过程繁琐。一名巴勒斯坦人需要经过旋转门、X 光检查、金属探测器等多个环节才会进入检查证件的步骤，而且在上述环节中，通勤者只能和机器打交道，而不会接收到任何来自以色列执法人员的信息。由于任何一个环节的失误，哪怕是机器失灵，通勤者都可能面临折返的危险，这种机器和技术带来的"不确定性"进一步伤害了巴勒斯坦人的身心。

传统上，我们以为以色列基于地缘政治上的优势地位修建隔离墙和检查点，是为了隔离巴勒斯坦人，限制他们的流动，而今天的观察显然超出这一略显简单的判断。以色列的真实目的更多的是为了治理流动，区分出"好的"流动，排除掉"不好的"的流动，从而具有生命政治内涵。

如今，"千疮百孔"的隔离墙以及"星罗棋布"的检查点已经说明，是流动而非隔离构建起今天我们对巴以边界的理解，而流动意味着边界不再停留于边界线上，而是与整体的巴以社会和个体的巴勒斯坦人有关。

从拆除到混凝土浇灌：
巴以冲突的建筑政治学

　　在传统的对战争和军事冲突的观察中，武器和弹药是最重要的元素，但同时也是最简单的元素，它只是将脆弱的生命和残酷的死亡毫无保留地摆放在观察者的面前，带来伤痛、恐惧与同情等多种情感。在针对巴以冲突的故事中，我们已经多次见证这些图景和情感的爆发，最后留下许多暂时性和片段性的记忆。

　　我们很难相信以色列从不畏惧巴勒斯坦人，尽管不论在军事、政治还是经济的意义上前者都显得无比强大，但在更为连续、绵延的社会生活中，以色列却一直在探索和实践如何将巴以之间的战争与暴力转化为日常的国家政治，进而将国家政治转化为对个体和家庭的治理，从而让上述军事暴力带来的情感在巴勒斯坦社群中得以延续和永恒，实现一种整体而全面的效果。

　　战争是一种威慑与惩戒方式，治理同样如此，因此我一直在尝试追寻巴以冲突的另一条线索，在这当中，我曾经的巴勒斯坦房东给过我很多启发。在我居住过的东耶路撒冷房屋正对面一直留存一片建筑物的废墟，曾经的主人是一户普通的巴勒斯坦人家，多年以前便已搬走。不难想象，屋主一家当时是在怎样一种痛苦的情境中面对自己的房屋被以色列政府强行拆除而被迫离去的。而在社区居住的时间里，我不时地听说哪里的房屋又在半夜被拆毁，这让我即便是在漏水的房间里生活数月，仍然感觉到欣慰。

我的房东很爱拿这类房屋拆毁的故事来谴责以色列对巴勒斯坦人口的控制——通过严苛且并不能让巴勒斯坦人感觉到合理的建筑政策"驱逐"在此生活的巴勒斯坦居民。他本人正是过去20多年间直接的受害者，因为违建房屋的指控，他们饱受罚款与义务劳动的惩罚，甚至不得不残忍地延续到下一代，房屋成了巴勒斯坦人心中永远的痛。

这片废墟的旁边则是一处不断扩建的巴勒斯坦民居，在2001年以前，这栋房屋也遭受过拆毁重建，并且次数多达七次。屋主执拗地拆了又建，建了又拆，但在2001年以后，推动重建的故事却戛然而止。

拆除、罚款、劳动与接收"工作"，我们可以看到另一种有关巴以冲突的形貌，它不与武器和弹药有关，却深刻地表达出战争与冲突所要实现的目标。在2017年发布的以色列占领区人权信息中心（The Israeli Information Center for Human Rights in the Occupied Territories）的报告数据中，以色列政府采用众多政策限制巴勒斯坦人口数量的增长，包括限制建筑房屋许可、削减基础设施投入或在巴勒斯坦居住区周边划定国家公园等手段。[1]

当城市空间和建筑治理成为巴以冲突的焦点，那么巴以问

---

① B'Tselem, "The Israeli Information Center for Human Rights in the Occupied Territories," Devex, https://www.btselem.org/.（上网时间：2022年1月24日）

题就不再是一个简单的领土问题而是人口问题，进而言之，也不是一个单纯的如何将暴力和法律强加于人的问题，而是规范事物的问题，通过对规范事物的改变而使人处于一个确定但又具有可能性的行动框架之内。在巴以冲突的语境下，通过改变和生产一些建筑物，影响巴勒斯坦人的日常生活和心理，最终服务于以色列的国家治理结构。

2015 年以后，以色列政府进一步更新有关巴勒斯坦人口治理的建筑学，拆除转变为一种旧的治理技术，而生产成为新的治理技术核心。在传统的思维中，拆除房屋是不具有生产性的，当然在心理学的意义上，拆除可以产生新的心理状态和主体性，例如建筑废墟对巴勒斯坦人心理上的影响。但新的生产技术则真实地对建筑物进行改造，进而达成更深远的效果。

在东耶路撒冷广阔而拥挤的巴勒斯坦社区内，样式统一、分布杂乱的建筑群很容易让人感到审美疲劳，毫无特点的房屋挤在一起很难从外观上阅读到有意义的信息。也正是在这样的社区内，我们可以找到一些外表看似寻常，却与周围房屋大不相同的建筑物，屋内光线幽暗，很难让人相信里面有人居住，但建筑物却长时间矗立在社区内。这些房屋的独特之处在于，它们内部被混凝土浇灌，一个房间内甚至被灌入 90 多吨水泥。

从 2015 年 1 月到 2017 年 3 月，以色列共有 7 起混凝土浇灌的惩罚案例被通过，作为惩罚谋杀者的手段，总计 8 栋房屋被浇灌，面积近 1000 平方米，其中有 4 起案件被浇灌的房屋屋主不是谋杀嫌犯本人，而是其亲友。毫无疑问，浇灌房屋成为惩罚巴勒斯坦人的重要武器，并在治理上实现拆除房屋所不具有的生产性意义。

在巴以冲突中，混凝土是一种不亚于枪炮的武器，例如在前线和巴勒斯坦社区出入口处安设的混凝土路障，在巴勒斯坦地区广泛修建的道路、定居点和隔离墙以及上文提到的对混凝土民用建筑的拆除。这一套基于混凝土的政治将整个巴勒斯坦空间整体放置于以色列的军事目的之下，深刻地改变着这一空间内的自然属性和建筑属性。但这些手段可能都不能比拟浇灌房屋带来的效果。

拆除在惩罚中代表的是直接而全面的报复，通过暴力手段抹杀一个人或人群的生存空间和社会记忆，在古式社会的竞争中，征服者对异教徒的惩戒都与拆除的技艺相联系，例如耶路撒冷圣殿山数次的推动重建，新的建筑物在旧的建筑物的废墟上建起，旧的建筑物只留下空白的情节。

浇灌则不同，它是一种密封的策略，意味着不以占有空间为目标，而是对时间的封存，其表现方式是空间政治的，但却指向时间政治，将建筑物及与之相关的记忆阻塞、中断和冻结。

我们可以想象，那些卧室、厨房和客厅被水泥浇筑的景象，水泥如洪水一般淹没巴勒斯坦人的日常生活，炉灶、床褥、玩具……被浇灌前的家庭生活画面被定格在某一刻，最终在记忆中造成不可逆的效果。这些很可能不属于肇事者的房屋将随着时间的流逝停留在社区之内，并在下一个时空中作为某种纪念而存在。

必须承认，以色列的做法违反《关于战时保护平民的日内瓦公约》的规定，严重侵犯巴勒斯坦人的人权，但在社会学家列斐伏尔（Henri Lefebvre）围绕空间的研究中，这样一种纪念碑式的空间物化却带来得以逃脱时间的永恒性。

我从没有和巴勒斯坦朋友聊起过这些石化的房屋，他们也从不会提起，可能它们远比拆除要引致更多的伤痛、恐惧和同情。

附　录
面朝全球边界的共同思考

国际政治的民族志叙事*

以理解他者为己任的现代人类学，在诞生之初就对 19 世纪以来大行其道的民族主义以及现实之中的民族国家间竞争持有强烈的批评观点。例如，英国社会人类学家马林诺夫斯基（Bronislaw Kaspar Malinowski）对"库拉圈"的观察，是对一种与社会相分离的、市场交换的自由主义观念的批评；英国社会人类学家埃文斯·普理查德（Evans-Pritchard）对努尔人社会—政治组织的研究，则是对现代民族国家"伪装"起来的无时间性表示质疑；而美国人类学家格尔茨（Clifford Greetz）在对巴厘岛的研究中认为仪式而非权力构成了巴厘岛政治的核心。总体而言，社会文化人类学的几大分支（经济、亲属关系、宗教和政治）皆尝试在作为民族国家典范的西方之外，寻找另一种有关社会组织和秩序的可能性，"反思西方现代民族国家"也成为人类学自身定位与发展的学术传统。基于日常生活实践的表述、对民族志方法的运用以及对多元主体参与的强调，成为人类学认知世界与社会的主要路径。

---

* 本文原载于《中国社会科学报》2018 年 9 月 7 日第 1532 期。

一、国际政治研究与人类学研究相结合

若从国际关系、国际政治以及地缘政治研究的主流认识上理解，国际社会被认为是无秩序的，因而国际社会的权力分配和秩序维持主要来自主权国家之间的关系互动。这也构成众多国际问题研究的起点。换言之，民族国家作为国际社会主要的行为体也成为最重要的分析单位，而国际政治研究的学科基础和学术脉络对民族志与人类学研究存在天然的排斥。在围绕诸如领土、边界、主权、安全等与民族国家相关概念进行的分析中，国际政治与人类学之间往往有着巨大的分歧。

置于前者的认识论之下，民族国家的基本框架以主权—领土（边界）—人口（认同）三位一体为基础，主权与领土之间相互指认：主权是领土范围内的主权，领土则是主权的界限。但对后者而言，这些概念通常并不构成讨论的核心或前提，它赋予其多元的内涵与多样化的解读。例如，在对"领土"的观察中，学者强调不应将国家领土构成（territorial constitution of states）单纯理解为一个"稳定的、具体的和自我封闭的领土框架"，而应注意到"社会—空间进程、社会实践以及超越国家边界的权力关系"远远超出领土争夺与国家冲突的范畴，进而实现对地缘政治空间的重塑。同样，对"国家安全"的讨论，区别于国际政治研究以领土与主权安全作为安全观的固有基础，并始终徘徊于国家的地理边缘与行政边界，人类学者则更关注发生于社会建构之内的安全并最终指向"人的安全"。如果说国际政治研究瞄准的政治是以民族国家为主体的"地缘政治",那么人类学与民族志研究关心的政治则是发生于民族国家内外的"生命政治"。

事实上,随着冷战的结束,地缘政治环境发生剧烈重组,如苏联解体带来的欧洲一体化进程的加速。在全球流动的大背景下,新的议题、对象和诉求促使社会科学界在自身旧有传统之上进一步发展,形成"空间转向"(spatial turn)与"实践转向"(practice turn),进而在观念上推进对民族国家"领土陷阱"(territorial trap)的超越。正是在这一转变之下,国际政治研究与人类学研究实现结合,生产出一批以批判地缘政治、批判边界研究与强调新安全研究为名的学术路径,其最受瞩目的特征在于民族志方法被引入国际政治的研究领域当中。

二、民族志带来国际政治学科的反思

20世纪80年代,自20世纪初开启的、经历两次世界大战而确立的民族志方法遭遇新一轮反思与自我批判。人类学者逐渐将目光从西方世界之外的、封闭的社群转向对全球流动与跨界现象的关注,即世界体系和全球化成为民族志直接观察和理解的对象,尤其是在实验民族志基础上提出的"多点民族志"。可以说,这与当时国际政治研究领域对跨国行为的研究需求相契合。更为重要的是,民族志研究对结束国际关系与国际政治研究当中长期处于支配地位的观点起到关键性作用。在通俗的理解中，国际政治是围绕现代国家与世界体系的研究：一方面奠定了民族国家及其相关概念作为认识基础、研究对象、分析单位和理论诉求的统一体系；另一方面却容易将民族—国家视为一个相互排斥、内部同质的实体，进而确立了一种民族国家为了维护自身利益而必然与外部世界处于冲突的假设。这本身虽然构成引入民族志研究的一个天然障碍，但同时民族志研究持有的反思能力也将为国际政治学科注入必要的敏感性。

首先将民族志方法运用到国际政治研究领域的是 20 世纪 80 年代的女性主义研究者。女性主义对边缘群体的关注与民族志对日常生活的观察存在内在一致性，二者都将"话语""主体性"等概念看作理解各自问题的关键。20 世纪 90 年代冷战，特别是 21 世纪初"9·11"事件发生以来，女性主义的民族志研究尝试渐渐被更多国际政治研究者采纳，并在全球化的刺激下，于国际关系研究领域出现"民族志转向"（ethnographic turn）。其基础建立在批判国家关系中的后实证主义以及主观主义的一些主张；其意义源于民族志可以"补充话语分析，超越针对国家和国际组织等传统行动者的某些主流看法，转而关注那些在世界政治中尚未被探讨的知识、关联和理解"。国际政治本身不再被认为只存在由上至下的发展路径，也被认为受到由下至上力量的影响。

三、客观认识民族志转向

在过去近 30 年的学科发展中，国际政治研究对人类学的肯定与对民族志方法的吸收显而易见，尤其是在西方知识界。但这并不意味着"民族志转向"的完成无可挑剔，新的困境和反思也进一步生成。首先，我们很难说民族志进入国际政治研究领域便能够完成其使命，因为民族志暂时只能作为一项研究工具推动实现国际政治主流研究的平衡，现实主义与实证主义的研究范式始终占据着主导地位。其次，人类学"浪漫化"的有关日常生活的民族志叙事，对社会生活中多元主体的细致呈现同样会受到研究时空的局限，有时会导向无法描述、难以证伪与莫衷一是的知识生产过程，伴随而来的是片面和冗长的学术评判。再次，国际政治研究发展至今对人类学与民族志研究始终持有谨慎甚至消极的态度，使得民族志往往作为一种工具性、选择性的方法，成为知识补充和材料收集的手段。最后，从客观世界出发，民族国家仍然作为被承认的国际社会发展最重要的前提和最基础的事实，这也直接削弱了民族志作为诠释方法的能力。

当然，值得期待的是，在迎接新的反思过程的同时，新的问题和思路也被提出。例如，民族志是否只能停留于国际政治研究的方法，还是能够转化为方法论；对全球化与世界体系的继续理解是否能够跨越民族国家主权支配的前提；移民、难民、族群的流动，乃至商品、信息、符号的传播是否已经超越民族国家的"领土陷阱"。这一系列富有挑战但令知识界兴奋的提问，不仅取决于我们是否已经将研究触角伸向广泛的日常生活和边缘群体——提供表象化的专业知识，更关系到应当采用何种路径去理解国际政治的众多事务——应当是众多主体日常实践的关系"组装"（assemblage）。在笔者看来，已经开启的这一段学术旅程充满诱惑与挑战，民族志也将不再为某一学科所单独享有和定义，而将成为一类共享的知识与方法以实现国际政治研究与人类学研究的契合。

追问世界的真相——
在遭遇《难民革命》之后[*]

    在今天这样一个因全球流动而引致撕裂与张力的时代，我们似乎前所未有地期待世界主义理想的实现，正如象征着"至高的道德权威"的罗马教皇方济各（Pope Francis）正在修改前任本笃十六（Pope Benedict XVI）所履行的保守主义道路，而倡导恢复欧洲的人文主义传统，以此尊重、拥抱和团结那些在本土社会中出现的、无法忽视的文化背景迥异的人群。2016年，在接受查理曼大帝奖（Charlemagne Prize）时，他鲜明地提出应采取一切可能的手段促进对话文化，从而指引出一条欧洲本土居民与难民（作为"罪犯"的移民）之间包容与共生的出路。

    同样在 2016 年，德国自由记者马克·恩格尔哈特（Marc Engelhardt）编著的纪实文学作品《难民革命：新的人口迁移是如何改变世界的》① （*Die Flüchtlingsrevolution：Wie die neue*

---

    * 本文原载于《信睿周报》2020 年第 19 期，作者为赵萱、许智元。

    ① ［德］马克·恩格尔哈特著，孙梦译：《难民革命：新的人口迁移是如何改变世界的》，文化发展出版社 2019 年版，导语第 1 页。

Völkerwanderung die ganze Weltverändert）问世，从厄立特里亚到瑞士、从中东到印度尼西亚，20 个关于逃亡和迁徙的故事点亮了地球的每一块大陆，清楚地说明了难民这个全球性事实。恩格尔哈特试图揭示一个有关当代世界的真相，全球性的难民流动不会走向终结，我们的社会也无法回归原貌，以欧洲为坐标的难民潮实际预示着一场正在发生的难民革命。

正因如此，去描绘不同年龄、不同性别、不同地方、不同境遇的个体或家庭在战争、种族迫害、宗教冲突、环境灾害、黑帮暴力下挣扎求生的生命历程，对于我们理解这场不期而遇的革命有着重要意义。

遗憾的是，理想有时比现实更残酷。的确，难民广泛的流动和交错的命运正在带来改变欧洲公民生活方式的契机，但透过恩格尔哈特在后记中对奥地利政治学家乌尔里希·布兰德（Ulrich Brand）的援引——"欧洲能源和资源密集型的生活方式都建立在对其他国家资源开采、暴力和逃亡基础之上"，我不得不认为我们很难在这样一种"绿色左翼"论调的包裹下找到真正具有革命性的出路。

乌尔里希·布兰德对难民问题的认识沿袭了其一贯的绿色资本主义观点，并将这一来源于德国、奥地利等欧盟国家的生态实践的政治生态学思想在处理难民问题上进行庸俗的挪用。绿色资本主义者相信，通过将市场机制与技术革新相结合，在现有的资本主义制度结构内就能够解决世界环境问题。尽管绿色资本主义被认为是新自由主义生态模式与生态马克思主义之外的第三条道路，但该模式却势必落入资本主义市场经济逻辑的窠臼——自然资源稀缺性与资本利润最大化之间的矛盾。也因如此，当布兰德将生态问题与难民问题的解决归为一类时，他通过呼吁改变过于注重生产与消费的欧洲社会文化和生活方式，节制帝国主义式的资源开发欲望以解决现实问题，其所提倡的节约资源的分享型经济也自然地演变为一种可持续的社会政策，意在于现行的制度框架内进行改良。

但此种文化或道德观念层面的革命并未触及制度与结构，围绕难民展开的人道主义叙事所遮蔽的另一个世界真相则可能是：道德话语的制造者同时也是造成世界撕裂和悲剧的幕后推手。

叙利亚战争在书中被明确定义为"近代历史上最血腥的记忆之一"，并作为本书的"序幕"，但造成这一血腥记忆的中东剧变却在涉及叙利亚、也门的故事篇章中被隐藏。众所周知，自 2010 年底开始，兴起于阿拉伯各国的民主革命浪潮在中东地区造成一系列武装冲突和局部战争，并持续至今。起初被标榜为创建"公民社会"、追求"民主自由"的政治实践却成为颜色革命的抓手，不论是北美还是欧洲，在叙利亚等国播散自由的同时，也汲汲然于中东地区扩大自身的影响力，售卖军火或扶植代理人，从而造成政府军、反政府武装以及美、俄、伊、土、欧盟等多方势力相互倾轧的局面，最终汇聚成国际恐怖主义势力的崛起。很显然，民主浪潮的发展早已偏离叙利亚人最开始的革命愿景，随之而来的是二战以后欧洲面临的最大规模的中东移民潮，并于 2015 年达到顶峰。当难民问题的根源很难牵引至非黑即白的民主与专制问题，而是存在众多结构性因素，我们又应当抱有一种怎样的心态来书写和分享今天的难民故事？

中美洲移民向北美方向的流动持续已久，"从萨尔瓦多到美国"的流动进程是其中极具代表性的部分之一。这一进程同样隐藏着一股结构性的力量，20世纪70年代以来，正是在拉美本土精英和北美政治集团的合力下，以新自由主义为名的政治实践才得以迅速席卷拉丁美洲。在该区域内，传统的、自给的农业生产模式向高度剥削性的行业转型，自此也催生出众多被迫踏上移民之路的失业、失地人口。私有化、削减社会支出与国家改组并行进一步造成萨尔瓦多等地的秩序真空，也使得各种非正式权力乘虚而入，帮派的勒索和死亡威胁毁灭了许多人的生存条件，迫使他们逃离故土，沦为难民。在这种社会背景下，帮派暴力往往仍被正常化为生活秩序中的主要因素。鉴于警察制度更多地服务于私人资本和经济精英，地方帮派势力自然便成为萨尔瓦多地方社会的主要控制方式。但在对待中美洲非法移民时，美国始终将这些来自萨尔瓦多的人群标定为经济难民予以排斥，在法律上拒绝了这一群体逃离暴力的权利和应受到的保护。而在那些幸运地逃离帮派暴力成功进入美国的人群中，仅有适用于"特别移民少年身份法"的人才有居留的机会。我们必须看到，人道主义故事的背后往往存在许多不能回避和略写的结构性因素，它们在难民流动之中甚至之前便已发生。

在上述文本中，所涉及的英国、美国和欧洲也指向二战以来从西方观察世界历史演进与理解世界主义的不同向度。

英国作为世界主义经济理想最初的践行者，世界贸易、自由市场理念与殖民运动相结合曾造就了殖民时期其庞大的海外殖民地和市场。为了保护海外利益，英国在多个世纪始终奉行大陆均势政策以避免欧陆出现强大的政治实体与之竞争，并影响了其对殖民地及其周边地区的治理。二战后，在1973年加入欧共体前，英国同样出于利益考量曾反复逡巡于欧洲一体化浪潮内外。分化传统与欧洲一体化的现实矛盾终于随难民潮而爆发，英国脱欧闹剧的出现虽然令西方的社会党人惊慌失措，疾呼欧洲即将坠入野蛮时代，但从首相卡梅伦到约翰逊，昔日的政治选择早已决定英国在畅想世界主义的今天已于背离欧洲一体化的道路上越走越远，更无从追求一个世界性社会。

相较政权内卷化的英国，二战后的美国则开始热衷于肩负世界责任向外推广民主价值。在世界主义民主形式的问题上，丹尼尔·阿奇布基（Daniele Archibugi）曾论述建立"世界利维坦"（Global Leviathan）的可能，但他同样担心这种超主权国家的世界政府超出现有的政治实践水平并且往往容易导向专制，"世界利维坦"近似美国最终想要实现的结果：通过国会、国际货币基金组织或财政部，经济或民主改革的策略曾轰轰烈烈地席卷拉美、中东等地，引导出民选或专制政府被推倒重建、经济私有化、社会世俗化等结构性变革。从短期来看，部分国家确实取得一定的胜利，例如智利一度成为拉丁美洲经济发展的模范生，突尼斯也建立了民选政府，但拉美改革背后是资本的阶级重建以及国家经济和社会责任的脱嵌，而中东剧变则难以遮蔽国民经济基础设施遭毁、极端势力抬头的现实。在此层面，利维坦式的世界政治本身就是妨害政治世界主义理想的不确定力量，工具性地滥用世界主义最终导向的是政治集团间的相互纠缠，而绝非建成一个世界性社会。

反观欧洲，即便建设世界性社会成为某种共识乃至政治正确，但在符合的政治实体或制度的创生过程中，民族国家显然在承受边界消亡或强化带来的阵痛。全球南方的北进运动已然令欧盟及其所代表的欧洲苦不堪言。必须承认，欧洲一度被认为是世界主义民主最深厚的实践土壤，甚至孕育了早期极具建设性的、以美好社会为主张的新自由主义欧陆版本，伴随着由来已久的一体化传统令人充满期待，但在难民问题的检视之下，今日欧洲内部也正经历着容忍或不容忍的意见分歧。于是乎，教皇方济各开始倡导对话文化，这与齐格蒙·鲍曼（Zygmunt Bauman）所呼吁的世界主义的观念革命似乎不谋而合。

针对乌尔里希·贝克（Ulrich Beck）所述的世界困境与世界意识匮乏间的冲突，鲍曼发现，解决路径是去除身份认同与政治主权边界间的锚定。但文化与道德从来是与经济政治的基础设施挂钩的，剥离了政治和经济世界主义实践的文化革命无异于痴人呓语。仅就难民问题而言，似乎任何单向度的世界主义主张都无法提供有效的问题解决途径：道德世界主义渴望不同文化背景的人相互理解，这种心理建设如民粹主义浪潮中的一叶扁舟，在缺乏与当地人的沟通渠道的背景下，难民群体的结构边缘性往往只会在欧洲社会制造底层。看看今天的布鲁塞尔火车站社区，他们的聚居生活产生了与原住民相隔离的生活空间：区隔、底边群体特征加之媒体惯用的底层叙事，在文明社会中真实地制造了"他者"——何况他们本就是异乡人。道德世界主义者往往宣称人们拥有对援助他国受苦难者的责任，而现实也许并非如此。

或许正因如此，教皇方济各才会不遗余力地呼吁建立一个包容关怀的欧洲，这位拉美籍罗马教皇希望以其公众人物和教皇的身份号召欧洲人民与哭者同泣。2016 年，捧场站台的欧洲最高当局甚至不遗余力地呼唤轮流高举查理曼大帝奖——该奖的设立旨在表彰那些为欧洲一体化进程做出卓越贡献的人。而在中东地区，中东剧变后气焰汹涌的宗教极端组织也在积极推广他们的世界主义设想——建立跨国界的伊斯兰共同体"乌玛"（ummah），以此消除二战后西方大国在中东地区划定的国家边界，进而实现一统的哈里发国的建立，并作为对抗西方和取代民族国家的政治基石。世界的真相也许是，世界主义的政治实践正是带来难民革命的结构性因素，而这恰是《难民革命》一书的作者在刻意回避的问题。

无论如何，可以确信的是，现实并不如这本书的合作作者特蕾莎·布鲁尔（Theresa Breuer）所想象的那样：如果黎巴嫩可以接受 100 万叙利亚难民，那么欧洲大陆更加没有理由害怕难民涌入。事实上，问题从不在于接收难民与否和难民配额多少，而在于如何消解造成难民问题的结构性力量——使得厄立特里亚人不必逃离黑暗政治，刚果人不必畏惧敌意歧视，萨尔瓦多人不必卷入帮派暴力，马尼拉人不必面临贫困，也门人不必面对宗教极端组织，阿拉米人不必从土耳其逃往德国又回到土耳其，偷渡者不会在距离莱斯沃斯岛 30 海里的水中溺死……人们不必再进入逃亡旅途遭遇蛇头的盘剥和边境警察的阻拦，而在他们自己的故土家园就能够自洽自为地改善生存处境，最终让移民流动成为可能的人生选择而非唯一选择，这才是难民革命的革命性意义。

后记：边观，未完待续

2021 年，时值中央民族大学 70 周年校庆，我走在丰台新校区正在施工建设的工地旁，看到一块展板上写着这样一句话："凡是过往，皆为序章。"突然联想起这些年忙忙碌碌的自己，不禁深以为然。

2014 年博士毕业后的头两年，我始终不知道应该从何开始继续我的工作，无奈地在职业生涯的起点上徘徊了过久的时光，直到 2016 年冬天偶然的一次西北远行，我觉察到自己的思考与写作将与边界（Border）无可分割。大概是从那时开始，我对全球边界的好奇、观察、整理乃至"兜售"便难以停歇，边界成为了我的安身立命之所，治愈我的脆弱和不安。

我逐步将自己早年的东耶路撒冷田野调查确定为最早的批判边界研究实践，将对霍尔果斯口岸的考察视为针对中国边界观察的一次关键性转折，进而扩展至磨憨、瑞丽、罗湖、青田、索菲亚、突尼斯、布鲁塞尔、新加坡等广泛的地理区域，以及检查点、隔离墙、车站、遗产、市场、环境等深层的边界内涵与议题。我开始刻板甚至有些偏执地要求我的学生们"服从"于批判边界研究的安排，并努力成为这艘无法回头的战舰上的优秀水手。在此，我必须对他们的信任、理解以及毫无疑问的挣扎与付出表示最高的致意和感谢！

而在这种自我狂热与消耗的进程中，"流动"与"治理"最终演变为逐浪的双桨，前者作为边界诞生与生产的语境、动力和认知，修改了边界处于地理边缘和范畴之内的狭义定义；后者作为边界观察与实践的界定、内容和景观，超越边界作为区分和区隔的主流叙事。今天，我希望可以用一句简明的语义概括所做的和所要进行的工作——关于全球边界的治理民族志研究。

2019 年初，得蒙《界面新闻》编辑老师们的信任，我在一年的时间里断断续续完成 20 余篇《边界观察》专栏文章写作，本书的大部分文章皆是这一时期的尝试。遗憾的是，由于身心惰性，我没有坚持，直到 2021 年 5 月，我重拾些许活力，组织学生们创建了《边界观察》的公众号，广泛地开展对全球边界的观察，可惜依然流于转瞬即逝，耽误了同伴们的初心。在此，对所有帮助和信任过我的老师、同学和朋友们致以最真诚的歉意！

过去的两年多，感觉时间走得尤其快，我感觉又落回那个不应该从何而起的原点，但或许是基于边界与我的重重羁绊，或许是基于全球流动对我们生命的浸透，我希望能够对以往零碎的工作做出总结，这本小书的编写恰是出于某种自律与自救，让我尝试重新找回面向全球边界的热情与胆气。

最后,我希望每一位读者都能从中有所受益,祝愿每一位相识的与不相识的朋友在这个纷繁的当代世界里都能享有精彩无悔的生活!

边界：延展的、存在的、多元的
——《边观》读后感

袁长庚

1942 年，吴文藻先生发表《边政学发凡》。从那时算起，中国民族学、人类学对于"边疆问题"的关注从未间断。在学术史的不同阶段，"边疆"所映射的关切及其意义并不全然相同。但概言之，"边疆"的现身往往意味着对"中心"的某种确认和重述，"边疆"所提供的言说也需要内嵌在更为紧迫的问题意识（例如救亡、发展、稳定等）当中。纵观近百年学术史，"边疆"从来是一个透露出其内在紧张感的阐释空间，但其紧张和活力中也蕴含着某种局限性："中心—边疆"的基本框架很难被撼动，也似乎难以找到新的抵近路径。

由是观之，文集《边观》既赓续边疆研究的优良传统，又是传统血脉之下所浮现的新声。

作者赵萱博士在后记中坦承，这本小书诞生于博士毕业后的学术转型期。除却一个青年学者进入独立探索阶段后的安身立命问题，我理解这所谓"转型"当中还包含着对更新思考范式的某种自我鞭策。在青年一辈人类学研究者当中，赵萱因其出色的语言能力，一直以来都像一位远方信使。他的脚步所覆盖的区域，虽然是我们所熟知的文明故土，但也是半世纪以来风云际会、错综复杂，因而沉淀着相当陌生经验的异邦。他的研究酝酿于近20年来乃师高丙中教授所大力鼓呼的"海外民族志"行动，其题中之义是拓宽中国人类学的视野，以他山之经验重塑学科的基本范式和问题意识。这一学术潮流造就济济人才，赵萱是出色的代表之一。但即使是在其巴以地区田野研究的初期，赵萱也不满足于仅仅展现他乡故事中所蕴含的陌生感和戏剧性。他殊少借助隔三岔五就会沸腾一阵的国际新闻热点，在学术活动中也不会渲染自己所见所闻所思的特异性。直至通读了《边观》，我才理解了多年来他内心那股嘈切难平的力量，那是在出走和返乡之间反复校验的视野准星，而准星之鹄的从来是如何摆脱人类学经验研究常常流露出的自满，努力在更为广阔的历史和社会图景中思考学科的知识使命。

《边观》的内部结构，是一个多向度并且循环递进的自我质询。在第一部分全球流动视野之下，第二部分展现边界在明暗之间如何成为"全球"的动力或摩擦缘起。在看似讨论"全球—地方"的传统命题之后，第三部分又以边界内外丰富的日常经验提醒我们：不要一厢情愿地用所谓看似更新的认识框架衡量一切问题，边界两边仍然是丰厚的生活世界，仍然可以用人类学学科中代代累积的解释工具去抽丝剥茧。

这种不断展开的左右互博，或许会让读者过瘾，但却是作者本人"自找"的负担。尤其是考虑到《边观》当中汇集的文字源出于媒体上刊载的即时稿件，在时间跨度极大的写作历程当中，想若要保持思维的延续性，让不同的篇什之间彼此呼应，并不是一件容易的事情。更重要的一点是，作者本人有意识地从学术视野的"舒适区"当中走出来，不断地用不同的边境/边疆经验去拓宽理解的视域。《边观》不是一本棱角打磨圆润、彼此严丝合缝的现成品，赵萱本人在《后记》中"未完待续"的自白并不是故作姿态的自谦。

大约在疫情前的几年，我总在一些学术会议上见到赵萱，会间他总会谈起最近读到的文献，以及在写作当中展开的新视角。他在学刊上发表的一篇论文，仅就我所知，就前后"伤筋动骨"地修改过三稿，以至于完稿时的重心已然严重偏移。作为人类学同行，我很能理解这其中难以为外人道的孤独和辛苦：跨越学科界限、更具延展性和包容度的表达，背后是"跨界"过程中需要不断克服的误解和知识分工壁垒。这从来不是愉悦轻松的实践。

交代这些背景不是为了重蹈钱钟书先生所提醒的"既要吃鸡蛋又想见母鸡"的错误。我们需要一种具体的阅读理解，通过对书写者的共情，去把握《边观》当中纷繁的议题，宽阔的视野以及在历史与现实、东方与西方、文本与实践之间不断穿梭的知识劳作。我理解赵萱所关切的仍然是"边疆/边界"的理论意义，只不过与我们通常所熟悉的那种带有阻滞、审核色彩的守御性疆界不同，他所展现的是朱迪斯·巴特勒所谓的以差异性为基础，不断汇聚、召唤行动者书写新的生活剧本的"边界"，是隐身于黑白之间的灰度之中，充满语言所难以穿透的生活之暧昧性的"边界"。

这样的"边界"毋宁说更带有一种本体论色彩，我们更可以将其延展为不同界域之间闪转腾挪的生活状态。若非如此，就不难理解为什么可以把东耶路撒冷和霍尔果斯相并置。赵萱的巴勒斯坦房东和霍尔果斯的四川夫妇身处截然不同的政治氛围当中，彼此"越界"的状态也不尽相同，但他们都在大写的秩序语法之外形成更具活力的生活实践。也正是在这种视野下，我们才有可能超越"全球—地方"框架中那种虚假的对立和紧张感。边界之所以能够存在，恰恰是因为边界之上存留着各种呼吸吐纳、交融协作的可能性。即使在暴力戏码随时上演，数十年来刀兵相见的巴以边境，人们生活实践和意义书写的丰富性也并没有减损。赵萱的记录或许会提醒我们这些已经习惯于居住在"边界"之内的读者，不要太想当然地引入静态二分法看待界限上的经验。只有"远方"变得可理解时，才可以抵达"眼前"。

这本书中最特别的一篇大概是赵萱博士的学生们在新冠肺炎疫情期间所完成的一份大学封控报告。与文集中那些更具诗性或着眼于历史、国际问题的文章不同，研究报告带有同学们努力将课堂讨论引向现实生活的朴拙。但也就是这样略显稚嫩的尝试，验证着我在上文中的结论：对作者和围绕在他周围的学术共同体而言，"边界"经验是一种生存的常态，是在不知不觉间完成的跨界行动，是意义框架建立的基本要素。这一点提示或许尤其应该让常常描绘社区、人群区隔的人类学研究者反省：是否有时过于强调边界泾渭分明的一面，有时又对日常景观中常见的条块切割视而不见。"边界"不仅是一个好用的概念，还需要我们用更为审慎的态度和方法走进生活的丰富。

这本文集名为《边观》。所谓"观"，不免让人以为这是书写者有意站立路旁，多少有些隔岸观火地记录和整理的意味。但是以我近年来在各个场合与赵萱博士的交流来看，他是刻意想强调自己研究尚属于仍在生长和延展的"观察"，并且也不掩饰对未来的希冀。但是有必要再次提醒读者的是，在赵萱的人类学研究中，"边界"远不是一个有别于中心的特异景观，他也从未试图以发生在远方的经验去佐证或改写"中心"问题意识下的种种认知偏差。他忠实于"边界"自身作为一个历史学—人类学复合时空的独立性，努力开掘其中所蕴含的理论可能。稍显冒犯地说法可能是：他从不是一个"边界学者"，也不做"边界人类学"，他就是一个从事人类学田野调查的人类学家。对读者而言，他所记录的世界，无论是战火连绵的巴勒斯坦，还是人声鼎沸的口岸市场，都不算是熟悉的领地，但他念兹在兹的是"人"的可能性。经由边界本身在历史、地缘和政治经济结构中的特殊性，他所尝试的仍然是理解人之存在的更为宽泛的基础。

我一直是赵萱博士的读者，我认为他是同辈青年人类学家中相对特立独行的一位。具有古典意味的美学品质、紧扣近世国际风云变迁的敏感性，以及蓬勃而不拘一格的思考扩张，这些通常不太容易集于一身的素质在他的身上相得益彰。一如他既往的很多成果一样，《边观》既提供了许多确凿的经验事实，又包含着可从多个角度延伸的解释的潜能。这本小册子的书写，体现了年轻一代人类学家对当下知识场域中问题意识更新、认知视角重塑的倡议。我期待着它走向更为多样而广阔的读者群体。